Mella Waldstein · Gregor Semrad

Wachauer Marille

Kulinarisches rund um die Sonnenfrucht

2. Auflage

Mit einem Vorwort von Karl Hohenlohe

Leopold Stocker Verlag
Graz – Stuttgart

Fotos: Gregor Semrad – www.gregorsemrad.com
Abbildungsnachweis:
S. 27 und 30 unten: Fotos aus der Festschrift „50 Jahre Marillenkirtag Spitz"
S. 51: Foto Mella Waldstein
S. 63 und 64: © Niederösterreichisches Landesmuseum
(Inv.Nr. A 598/92 und Inv.Nr. 2768), Fotos Peter Böttcher
S. 65: © Filmprogramm- & Kunstverlag Susanne Odlas, Wien
(Cover des Filmprogrammheftes zum Film „Mariandl"), Foto Filmarchiv Austria
S. 78: Faksimiles aus der Kronenzeitung Niederösterreich vom 20. und 24. Oktober 2003
S. 82: Foto Eugen Bailoni

Bibliografische Information Der Deutschen Bibliothek
Die Deutsche Bibliothek verzeichnet diese Publikation in der Deutschen Nationalbibliografie, detaillierte
bibliografische Daten sind im Internet unter http://dnb.ddb.de abrufbar.

Hinweis: Dieses Buch wurde auf chlorfrei gebleichtem Papier gedruckt. Die zum Schutz
vor Verschmutzung verwendete Einschweißfolie ist aus Polyethylen chlor- und schwefelfrei
hergestellt. Diese umweltfreundliche Folie verhält sich grundwasserneutral, ist voll
recyclingfähig und verbrennt in Müllverbrennungsanlagen völlig ungiftig.

Auf Wunsch senden wir Ihnen gerne kostenlos unser Verlagsverzeichnis zu:
Leopold Stocker Verlag GmbH
Hofgasse 5 / Postfach 438
A-8011 Graz
Tel. +43 (0)316/821636
Fax. +43 (0)316/835612
E-Mail: stocker-verlag@stocker-verlag.com
www.stocker-verlag.com

ISBN: 978-3-7020-1254-0

Umschlaggestaltung, Layout und Repro: Werbeagentur Rypka GmbH.,
8143 Dobl/Graz, www.rypka.at
Druck und Bindung: Druckerei Theiss GmbH, A-9431 St. Stefan i. L.

INHALT

Vorfreude

Immer wenn ich zur Zeit der Marillenblüte die Wachau durchquere, überkommt mich eine ungeheure Angst.

Angst, dass die Wachauer selbst dieses Naturwunder nur mehr peripher wahrnehmen und sich im Laufe der vergangenen einhundert Jahre – viel länger gibt es die Marillen in der Wachau nicht – daran gewöhnt haben.

Angst, dass es ihnen wie den Wienern geht, die der Kastanienblüte neutral gegenüberstehen oder wie den Japanern, die die Freude an der Kirschblüte zunehmend den Ausländern überlassen.

Aber jedes Jahr wird mir die Angst von den Wachauern genommen. Zu Hunderten sitzen sie vor ihren Häusern, befahren mit Waffenrädern die alten Wege oder machen sich zu Fuß auf, um sich an der Pracht der weißen Blüten zu erfreuen.

Es gibt weltweit keine andere Region, in der das Sprichwort „Vorfreude ist die schönste Freude" mehr Gewicht hat. Wenn die Wachauer die blühenden Marillenbäume betrachten, sieht man schon den Glanz des kommenden Sommers in ihren Augen, man spürt die archaischen Bewegungen, wenn sie die prallen Früchte von den Bäumen holen, und bereits jetzt werden die ersten Entscheidungen gefällt, ob man die Marillen gleich verzehren wird oder man sie einmaischt, brennt und dann in konzentriertester Form zu sich nimmt.

Ich bin einmal in einem Zug mit dem berühmten Schauspieler Larry Hagman von Wien in Richtung Krems gefahren, und irgendwann lehnte er sich zu uns Journalisten und sagte unvermutet: „Ich bin ein Wienerschnitzel". Vielleicht zehn Kilometer weiter und er hätte: „Ich bin eine Marille" gesagt.

Es ist für die Städter, die von der Marillenblüte geblendet sind, nur schwer vorstellbar, dass diese Pracht noch eine Steigerung erfährt; wenn sie dann aber im Hochsommer die sonnengereiften Früchte an den Bäumen sehen, verbotenerweise eine pflücken und verkosten, wird es ihnen mit einem Male klar: Die Wachauer Marille schmeckt nicht deswegen so gut, weil sie gratis war, sondern weil sie ganz einfach wirklich unglaublich gut schmeckt.

Ich hatte das große Glück, meine Kindheit in der Wachau verbringen zu dürfen, dies auch noch in einem uralten Haus, das von exakt 999 Marillenbäumen umgeben war. Noch heute kann ich den Geruch der reifen Früchte, die aufgeplatzt auf den Wiesen lagen, unmittelbar abrufen, ich höre die Bienen und Wespen, wie sie sich glücklich an dem süßen Nektar laben, und ich spüre den heißen Wind, der sich oben in Göttweig aufgemacht hat und gemächlich zu uns herunter weht.

Wenn man lange Zeit hindurch immer etwas Schönes sieht und etwas Wunderbares konsumiert, werden Auge und Geschmacksknospen gemeinhin müde. Ich habe in meinem Leben abertausende Marillen, Marillenknödel, Marillenkuchen, Marillenpalatschinken usw. usw. gegessen, bis heute aber kann ich nicht genug davon bekommen.

Genau so geht es mir mit der Wachau, die ich wahrscheinlich besser kenne als mich selbst. Jedes Jahr fahre ich einige Male hin, betrachte die Marillenblüte, die Landschaft, die Menschen und später dann die reifen Früchte.

Ich erfreue mich an meiner eingangs erwähnten Angst, weil ich genau weiß, dass sie mir die Wachauer jedes Jahr nehmen.

Karl Hohenlohe

Der Stolz der Wachau

Dürnstein (links) und Weißenkirchen (unten) im Sonntagskleid.

Die Marille transportiert den Genuss der Wachau in vielfältiger Weise. Der Baum prägt die Landschaft, die Verkaufsstände säumen die Straßen während der Erntesaison, die frische Marille beherrscht die Speisekarte, und der klare Marillenbrand sowie die Marmeladegläser füllen Kellerregale und Speisekammer.

Blütensonntag

Es gehört Mut dazu. Die Knospen von Bäumen und Büschen sind noch fest geschlossen, Äste stehen kahl in den März. Doch der Marillenbaum öffnet sich, weiß, wolkig, legt das allerfeinste Sonntagskleid an. Rein und duftig und ein leises Versprechen. Die Marillenbäume blühen. Sie tupfen weiße Wolken in Gärten, füllen Seitentäler mit ihrem zarten Pastell, ziehen helle Linien entlang der Terrassenstufen, umhüllen Dörfer mit Blütenschleiern.

Noch liegt in den Höhen des Waldviertels und des Dunkelsteiner Waldes Schnee; in den Ackerfurchen und im Schatten der Wälder, hinter den Stadelmauern und in Straßengräben. Unten in der Wachau aber ist der Frühling schon zu spüren und zu sehen. Die Marillenblüte ist sein Entree. Mit dem Blütensonntag wird traditionell die Saison eröffnet. Auf sonnigen, windgeschützten Terrassen werden die Tische und Sessel aufgestellt. Man genießt vorerst mit dem Auge, was später süße Frucht wird.

Lange Wanderung

Die Marille stammt aus Nordostchina, einem Gebiet nahe der russischen Grenze. Und nicht, wie ihr Name Prunus armeniaca es andeutet, aus Armenien. Dorthin gelangte sie erst nach einer 3000-jährigen Wanderung durch Zentralasien. Die Römer brachten sie schließlich 70 v. Chr. über Anatolien nach Rom, und von dort verbreitete sich die Marille über Westeuropa. Lucius Licinius Lucullus, römischer Feldherr, Politiker und Gourmet, brachte aus Kleinasien die Kirsche mit, und vielfach wird ihm zugeschrieben, dass er auch die Marille im Gepäck hatte.

Der Pomologe Fritz Passecker veröffentlichte seine These bereits nach dem Krieg: *„Es kann mit einer gewissen Wahrscheinlichkeit angenommen werden, daß die in Europa verbreiteten Kultursorten hauptsächlich den südlichen Weg, über die Mittelmeerländer, genommen haben. Besonders sind es die in den Formenkreis der Großen gemeinen Marille, der Oval- und Flachmarillen gehörenden französischen und deutschen Sorten, die auf diesem Wege zu uns gelangten. Die in den Formenkreis der Kegelmarillen (Ungarische Beste) fallenden Sorten dürften, wie auch die Früchte aus der Ukraine, Moldau, aus Rumänien und Ungarn zeigen, über den zweiten, nördlichen Weg zu uns gekommen sein."*

Dass es die Römer waren, die die Marille in die Wachau brachten, wird von neueren Forschungen widerlegt – ebenso wie der Wein nicht von den Römern in das Donautal gebracht wurde, sondern schon davor nachgewiesen werden kann. Die Marille kam über den Pontus und den Donauweg in unser Gebiet. Damit wäre die alte, bisher geltende Meinung, dass wir unsere Obst- und Weinkulturen den Römern zu verdanken hätten, hinfällig. Genauso wenig haltbar ist die Annahme, dass die Marille ziemlich spät in den Donauraum gekommen sei. Aus römischer Zeit fand man in Lorch in Oberösterreich erste Funde von Marillenkernen.

Wenn man nun einen zeitlichen Vergleich zwischen den römischen Angaben und dem oberösterreichischen Fund herstellt, so ergibt sich die Feststellung, dass sich die erst nach der Mitte des 1. Jahrhunderts v. Chr. nach Italien eingeführte Marille bereits um 90 n. Chr. an der mittleren Donau nachweisen lässt.

Pichlhof inmitten der Weingärten bei Loiben (oben links) und die Kirche von Hofarnsdorf (oben).

Der französische Historiker und Mittelalterforscher Jacques le Goff vertritt die These, dass die Marille mit den Kreuzzügen nach Westeuropa kam: *„Vor langer Zeit habe ich einmal geschrieben, die Aprikose sei der einzige Gewinn, den die Kreuzzüge dem Abendland gebracht hätten. Dieser Meinung bin ich immer noch."*

In den Kapitularien Karls des Großen, die alle damals in Kultur befindlichen Obstarten anführen, finden wir die Marille nicht eigens erwähnt, da man sie vom 3.–16. Jahrhundert zu den Pfirsichen zählte. Als selbstständige Obstgattung steht sie zwischen Zwetschke und Pfirsich.

Nachdem die „Barbaren" im 3.–5. Jahrhundert das Römische Reich teils in Schutt und Asche legten, teils Traditionen der Römer fortführten, gab es erst mit Karl dem Großen in dessen Reich zwischen Pyrenäen, Alpen, Elbe und Dänemark wieder einen Aufschwung beim Obstbau. Er hatte ein persönliches Interesse an der Obstzucht und schrieb sogar vor, welche Obstarten in seinen Gütern gepflanzt werden sollten. In den folgenden Jahrhunderten waren es in West- und Mitteleuropa insbesondere die Klöster und Mönche, die durch einen internationalen Tauschhandel die Sortenvielfalt und das Wissen um Okulieren und Pflege bewahrten und weiterentwickelten.

Der bisher älteste Nachweis für den Ausdruck Marille im Donaugebiet findet sich in einer Briefsammlung des Starhembergischen Archives in Eferding bei Linz. In einem Brief vom 23. 7. 1509 taucht der Name „Maryln" auf. „Marülln" wird die Marille in der niederösterreichischen Mundart bis heute genannt.

Für Arnsdorf – namentlich für das Hochstift St. Peter, welches in Oberarnsdorf begütert war – berichtet der Lesekommissar im Jahre 1695 über die Bäume des Stiftes im Weingarten und erwähnt Nuss-, Pfirsich-, Marillen- und Mandelbäume.

Frater Benjamin Schweighofer (unten) im höchstgelegenen Marillengarten der Wachau, im Hintergrund Stift Göttweig.

Marillenernte ist auch in Hallstatt im Salzkammergut möglich, wie der Spalierbaum vor dem Bräugasthof zeigt (rechts).

Marille und Aprikose

Ebenso wie die Marille aus ihrer Urheimat Zentralasien auf verschiedenen Wegen nach Europa kam, ebenso unterschiedlich ist die Herkunft der beiden Namen Marille und Aprikose. Der klassisch-lateinische Name der Frucht *Prunus armeniaca* oder auch *Malum armeniacum*, also „armenischer Apfel" bzw. „Pflaume", hat sich in der botanischen Bezeichnung erhalten. Auch die Bezeichnung Marille, die in Österreich, Südtirol und Bayern vorherrscht, geht über die italienische Bezeichnung *armellino* auf den lateinischen Namen der Frucht zurück.

Die Bezeichnung Aprikose nimmt vom Lateinischen eine Sprachwanderung über Byzanz in den arabischen Sprachraum und wieder retour. Das Wort Aprikose geht auf das lateinische *praecox* „frühreif" und dessen Variante *praecoquum* zurück. Über das Byzantinisch-Griechische gelangte das Wort ins Arabische als *al-barqūq* (heute auch *mišmiš*), aus dem es wiederum mit dem vorangestellten Artikel al- in mehrere romanische Sprachen entlehnt wurde, im Spanischen *albaricoque*, daraus wurde das Französische *abricot* und gelangte schließlich über diesen Weg in die meisten europäischen Sprachen, wie auch über das Niederländische *abrikoos* ins Deutsche. Der Wandel von Abri- zu Apri-, der sich im Deutschen und Englischen vollzogen hat, mag teils lautliche Gründe haben, ist aber vermutlich auf eine Fehletymologie zurückzuführen, die das Wort mit dem lateinischen *apricus* „sonnig" in Verbindung brachte.

Von den Mammutjägern zum Garten Eden

Wälder und Felswände, sumpfige Aulandschaften, Inseln, Sandbänke und Strudel. So sah das Tal aus, aus dem sich die Wachau formte. Die Besiedelung war spärlich. Die Donau und ihre Zuflüsse mit ihren unberechenbaren Hochwässern machten es den Menschen nicht leicht, in einem Durchbruchstal zu leben. Die am Ufer liegenden Siedlungen waren wegen der Steilhänge und der Hochwassergefahr nicht direkt miteinander verbunden, die Besiedelung erfolgte aus dem Hinterland.

Wo die Steilhänge zurücktreten, liegen auf den Hügeln dicke Lössschichten, so wie es in Loiben zu sehen ist. Hier gibt es die meisten urzeitlichen Funde. Es sind Plätze, die meist kurzzeitig besiedelt waren. Durch den Löss wurden die Spuren der dort lebenden Menschen verschlossen und blieben dadurch bis in die Gegenwart erhalten. Der bekannteste Fundort ist Willendorf mit seiner elf Zentimeter hohen Kalksteinfigur, eine Venus mit Lockenkopf und üppigen Dimensionen. Die Venus von Willendorf wurde während des Bahnbaus 1908 gefunden und stammt aus der jüngsten Fundschicht (24.000 v. Chr.), die ältesten Funde sind hier mit 40.000 v. Chr. datiert. Siedlungsfreundlicher ist das südliche Ufer, hier findet sich im Raum von Rossatz eine Siedlung aus der Jungsteinzeit. Flussfunde beweisen, dass die Donau ab dem Neolithikum Verkehrsweg war und Übergänge bot. Es finden sich jungsteinzeitliche Steinbeile sowie bronze- und urnenfelderzeitliche Schwerter und Beile.

Gartenlandschaft Wachau:
Spitz mit dem runden
„Tausendeimerberg"
inmitten des Marktes.

Der blaue Turm der Stiftskirche
Dürnstein (unten).

Während urzeitlicher Weinbau im Donauraum mit einem 4000 Jahre alten Traubenkern aus einer Grabstätte bei Traismauer nachgewiesen werden kann, gibt es Obstbaukulturen nachweislich mit dem Eintreten der Römer in die Geschichte des Landes. Die Stiefsöhne des Kaiser Augustus, Drusus und Tiberius, eroberten 15 v. Chr. das Königreich Noricum und drangen bis zur Donau vor. Für knapp ein halbes Jahrtausend war das Südufer der Donau die Nordgrenze des Imperiums.

Nach dem Abzug der Römer kam das Donaugebiet 568 unter fränkischen Einfluss. Als sich die Langobarden aus dem pannonischen Raum zurückzogen, rückten die Awaren als asiatisches Volk nach, und in ihrem Gefolge siedelten slawische Bauern im Tal der Wachau. Der bayerische Herzog Tassilo III. musste 787 die Oberhoheit der Franken und Karls des Großen anerkennen, und das fränkische Reich grenzte an das der Awaren, die wieder bis an die Raab (Ungarn) zurückgedrängt wurden. Das neu erworbene Gebiet östlich der Enns galt nun als Königsgut, und Karl der Große vergab es nun zunächst ohne Urkunden an geistliche und weltliche Herren, die an den Awarenkriegen mitgewirkt hatten. Den neuen Besitz teilten sich bayerische Bistümer wie Salzburg, Passau, Freising und Regensburg sowie z. B. die Klöster Niederaltaich, Tegernsee, Metten oder Kremsmünster. Anreiz für die Kultivierung des Donauraumes boten die gute Verkehrslage an der Wasserstraße und das milde Klima.

Die Name Wachau taucht in Urkunden ab 830 auf: Dem Kloster Niederaltaich wurde der Besitz *locus Wahowa* bei Schwallenbach, Aggsbach sowie am gegenüberliegenden Donauufer bestätigt.

Ruine Hinterhaus bei Spitz (unten).

Doch bald zeigte das karolingische Reich Risse. Einerseits waren es interne Auseinandersetzungen, andererseits war mit dem Eintreten der Magyaren an der östlichen Grenze eine Macht entstanden, die das Reich bedrohte. Mit der Niederlage des bayerischen Heeres gegen die Ungarn 907 bei Pressburg kam das Land unter der Enns an die Sieger.

Der Sieg der Ungarn wurde in der heimischen Geschichtsschreibung lange Zeit als Katastrophe für die karolingischen Siedlungsstrukturen angesehen, doch die Ungarn verfolgten keine Politik der verbrannten Erde, waren sie doch auf die Erhaltung der tributpflichtigen Bevölkerung angewiesen.

Mit dem Sieg Ottos I. über die Ungarn 955 lebten die alten Besitztitel der Klöster wieder auf.

Hatten die Römer nur das fruchtbare Schwemmland der Donau kultiviert, begann mit der dichter werdenden Besiedelung die frühmittelalterliche Ausweitung des Kulturlandes.

Die Kulturlandschaft Wachau wurde durch die Arbeit der Weinhauer geprägt, die auf schroffen Abhängen Terrassen anlegten. Wann die Terrassierung der Landschaft begann, liegt im Dunkeln. Es ist anzunehmen, dass der Bergweinbau (und damit einhergehend auch Obstkulturen) ab dem 12. Jahrhundert Stück um Stück ausgebaut wurde. Die Errichtung von Trockensteinmauern, Stein auf Stein geschlichtet und ohne Mörtel zusammengehalten, gehört zu den ältesten Handwerkstechniken der Menschheit. Die Steinterrassen entstanden über Generationen mit geringstem technischem Aufwand, mit einer großen Portion Geduld, Gefühl und Erfahrung und mit Material, das direkt vom Berg geschlagen wurde.

Mit dem Ende der Babenbergerzeit war die Wachau bereits zur Gänze erschlossen. Seit dem 9. Jahrhundert war der geistliche Besitz stets ausgeweitet worden und hatte Ende des 15. Jahrhunderts seine größte flächenmäßige Ausdehnung. Er erfasste drei Viertel des damals 4.800 Hektar großen Wachauer Weingebietes. Es waren an die 60 Klöster aus dem Bayerischen und aus den Ländern ob der Enns, aus Böhmen und Salzburg und der Steiermark, deren Weinberge in der Wachau lagen. Ihren Spuren begegnen wir in Kirchen und deren Patrozinien, auf Friedhöfen, Wappen, in alten Riednamen und in den ehemaligen Wirtschafts- und Lesehöfen.

Nach dem Ende des Dreißigjährigen Krieges, nach den Wirren dieses Glaubenskrieges, manifestierte sich der katholische Glaube im Barock. Zu keiner anderen Epoche wurde er üppiger repräsentiert und überschwänglicher dargestellt. Das mittelalterliche Kloster Melk, gegründet vom Babenberger Herzog Leopold II., war Zentrum von Bildung, Kultur und Wissenschaft. Der Niedergang kam mit den Türkenkriegen und mit der Reformationszeit. Das Kloster hatte 1566 kaum noch Mönche. Mit der Wiedererstarkung des Katholizismus wird das Kloster im Barock neu errichtet, mit Gold, Stuck und Marmor festgeschrieben, von steinernen Heiligen ausgerufen, mit ausladenden Schwüngen unterstrichen und mit Kuppeln gekrönt. Die barocken Stiftsbauten Melk, Göttweig und Dürnstein entstanden.

Ein Ende der großen geistlichen Besitzungen der bayerischen Klöster in der Wachau wird durch die Koalitionskriege zwischen Napoleon und den anderen europäischen Mächten eingeläutet. Die Annexion linksrheinischer deutscher Gebiete durch Frankreich wurde im Frieden von Lunéville 1801 völkerrechtlich bestätigt. Das zeigte seine Auswirkungen in der fernen Wachau. Entschädigungsregelungen mussten getroffen werden: Mit dem Besitz der Klöster wurden deutsche Fürsten für ihre Verluste durch die napoleonischen Kriege entschädigt. Derart wechselten 95.000 km² ihre Besitzer, drei Millionen Menschen bekamen „neue Herren". So auch die Wachauer Kloster- und Bischofsgüter. Besiegelt wurde die Überführung kirchlichen Besitzes in weltliche Hände mit dem Reichsdeputationshauptschluss im Jahre 1803. Der Auflösung der bayerischen Kirchenbesitzungen in der Wachau folgten unmittelbar die napoleonischen Kriegszüge in Österreich und die Schlacht von Loiben 1805. Das „Franzosendenkmal" in den Weingärten von Loiben erinnert daran.

Der Renaissanceinnenhof des Teisenhoferhofes in Weißenkirchen.

Im Kleinen verhalf die Enteignung des überwiegend bayerischen Klosterbesitzes vielen Winzern zu Grundeigentum und legte damit auch den Grundstein für den bürgerlichen Wein- und Obstbau in der Wachau.

Marillenwälder

Bei der aktuellen Erhebung des Obstbaukatasters fehlen viele kleine Flächen, die von Hobbygärtnern betreut werden. Insgesamt kann man derzeit in der Wachau von 100.000 Marillenbäumen auf einer Fläche von 350 ha ausgehen. Die letzten Jahresernten in der Wachau werden auf 2.000.000 Kilogramm Marillen geschätzt.

Ältere Wachauer sprechen von Marillenwäldern. Die ersten großen Auspflanzungen begannen um 1920, als die Reblaus die Weinkulturen vernichtete und die Winzer nach Alternativen suchten. Zwischen 1940 und 1960 wuchsen in der Wachau 1.000.000 Marillenbäume, die eine Ernte von 15 Millionen Kilogramm einbrachten.

Auf der rechten Donauseite gab es zahlreiche Gärten rund um die Arnsdörfer bei Rossatz; zwischen Angern und Brunkirchen dehnte sich eine geschlossene Marillenlandschaft aus. Auf der linken Donauseite konzentrierte sich die sonnenorange Frucht um Spitz und Loiben.

Die Marillenliebe der Österreicher veranlasste die Pomologen Josef Loschnig und Dr. Fritz Passecker zum Buch „Die Marille und ihre Kultur", welches kriegsbedingt erst 1954 erschien. Es gilt bis jetzt als Standardwerk. Im Vorwort schreibt Fritz Passecker:

Blick über Stein bis zum Stift Göttweig auf der anderen Seite der Donau.

„Die große Vorliebe des Österreichers für die Marille hat dazu geführt, daß der Marillenbaum in vielen Gebieten des Landes gepflanzt wurde. Größere Kulturen entstanden vor allem in den niederschlagsarmen und verhältnismäßig warmen Gebieten Niederösterreichs und des Burgenlandes, wo der Marillenbaum besonders zusagende Bedingungen für sein Gedeihen findet. Aber auch in vielen Gebirgslagen Österreichs ist der Marillenbaum heimisch geworden, tritt dort allerdings nicht in erwerbsmäßiger Kultur als freistehender Baum auf, sondern wird für den Eigenbedarf als Spalierbaum an Hauswänden gezogen. Der Marillenbaum gilt hierzulande als der beste und dankbarste Spalierbaum.

Der Bedarf des Landes an Marillenfrüchten wird durch die Inlandsproduktion nicht gedeckt. Es erscheint daher eine Erhöhung der Ernteerträge durch bessere und intensivere Pflege und durch Vermehrung des Baumbestandes geboten. Noch findet man viele schlecht behandelte Marillenbäume oder findet Anpflanzungen dort, wo die natürlichen Voraussetzungen nicht gegeben sind. Auch in guten Lagen treten gelegentlich Mißerfolge auf, deren Ursachen nicht immer klar zutage liegen. Es zeigte sich, dass unsere Kenntnisse von den Standort- und Kulturansprüchen dieser Obstart noch manche Lücken aufweisen.

Die Arbeitsgemeinschaft zur Förderung der Marillenkultur in Wien (nach dem Kriege der österreichischen Gartenbaugesellschaft eingegliedert) setzte es sich zur Aufgabe, in Zusammenarbeit mit dem Institut für Obst- und Gartenbau an der Hochschule für Bodenkultur in Wien die Bedingungen für eine erfolgreiche Kultur zu erforschen und der Praxis beratend und helfend zur Seite zu stehen.“

Marillen weltweit

Aus den Gegenden von Tibet und Indien, Nordchina und Kirgisien kommen immer wieder interessante Berichte über die Marille. Schon der österreichische Bergsteiger Heinrich Harrer erwähnt in seinem Buch „Sieben Jahre Tibet“ die Marillenkulturen. Immer wieder beschreibt er die Marillen, wahrscheinlich auch deswegen, weil er nichts von ihrem zentralasiatischen Ursprung wusste und weil ihn die Marillenbäume auf 3000 Meter Seehöhe faszinierten. *„Immer näher kamen wir dem Himalajagebirge und damit betrüblicher Weise auch der indischen Grenze. Die Dörfer sahen wie kleine Oasen aus, und um die Häuser gab es sogar Gemüsegärten und Aprikosenbäume. … Noch einmal verbrachten wir eine Nacht in Tibet, romantisch unter Aprikosenbäume gelagert, deren Früchte leider noch nicht reif waren.“*

Die Karawanen, denen er bei seiner Wanderung durch Tibet begegnete, führten *„getrocknete Aprikosen aus der indischen Provinz Ladakh nach Lhasa.“*

Bevor Heinrich Harrer und sein Freund nach vielen Schwierigkeiten die verbotene Stadt Lhasa erreichten, überquerten sie zahllose Pässe. Ein junges

Paar überholte sie. „*Die junge Frau ist mir wie ein Lichtblick aus diesen schweren Tagen in Erinnerung geblieben. Einmal beim Rasten griff sie in ihre Brusttasche und reichte jedem von uns lächelnd eine getrocknete Aprikose. Diese kleine Gabe war für uns genauso köstlich wie damals am Weihnachtsabend das Weizenbrötchen des Nomaden.*"

Die sowjetische Pomologin K.F. Kostina klassifizierte und erforschte die wilden sibirischen Marillen. Ihr Verbreitungsgebiet erstreckt sich vom Baikalsee bis über die nördliche und südöstliche Mongolei, umschließt die Wüste Gobi und wächst in den Bergen von Peking.

Sie gehören zu den wenigen Baumarten, die auf trockenen Stein- und Felshängen ihr Auslangen finden. Dürrezeiten überstehen sie ohne größere Schäden, außerdem weisen sie ein schnelles Holzwachstum auf. Ihr Holz gehört zu den härtesten und wurde vor allem in den waldarmen Regionen wie z. B. Kirgisien oder Daghestan als Brennmaterial verwendet. Aus dem Holz der wilden Marille wurden Hobeln und Sättel hergestellt.

Obwohl ihre Früchte sich nicht mit denen der Kultursorten messen können, wurden sie von der Bevölkerung verarbeitet. Sie wurden getrocknet und zu Mus, Püree und Marmelade verarbeitet; das Öl der Kerne fand in der chemischen Industrie Verwendung. K. F. Kostina vermerkt: „*Halbiert und vom Stein befreit, werden die Marillen in der Sonne sorgfältig getrocknet und danach zu Pulver verrieben. Aus diesem wird ein säuerlicher Brei gekocht. Zuweilen werden aus diesem Brei Pfannenkuchen gebacken, die einen angenehmen säuerlichen Geschmack haben. An Stellen, wo die Marillenbäume vereinzelt an Wegen wachsen, werden die Früchte von den Reisenden im frischen unreifen Zustande verzehrt. In Gegenden, wo diese Baumart stark verbreitet ist, wie zum Beispiel im Siebenstromgebiet, werden von der Bevölkerung ganze Wallfahrten in die Berge auf Entfernungen von zehn und mehr Kilometern unternommen, die entweder zu Fuß oder zu Wagen zurückgelegt werden. Die Früchte werden gewöhnlich eingekocht oder getrocknet. Die eingekochten Früchte sind gewöhnlich sauer, jedoch schmackhaft und aromatisch. Den einzigen Mangel stellen die groben Fasern der Früchte dar, die dem größten Teil der Früchte eigen sind.*"

Weiters berichtet K.F. Kostina, dass die getrockneten Früchte vor dem Verzehr in heißem Wasser aufgeweicht und gezuckert wurden. 1930 wurde in den Kooperativen erstmals die Konservierung der Wildmarille vorgenommen und zu „Powidlo" und Früchtetee verarbeitet. Allerdings berichtet sie auch schon von Rodung ganzer Marillenwälder.

Die Japanische Marille wird in Japan und China als Ziergewächs gepflanzt. Ihre Blüte ist gefüllt, weiß, rosa oder hochrot. Die Früchte sind klein, gelb oder grünlich, wenig saftig, das Fruchtfleisch ist fest und von säuerlichem Geschmack. Die Früchte sind im rohen Zustande nicht genießbar, sie werden nur in gesalzener, marinierter oder getrockneter Form gegessen.

Traditionelles Anbaugebiet für Aprikosen ist u. a. die ungarische Tiefebene. Die Türken besaßen zur Zeit ihrer Herrschaft über diese Ebene riesige Aprikosenplantagen, jedoch verödeten diese Gärten nach dem Abzug der Türken.

Mit dem Obstanbau begann man in der ungarischen Tiefebene erst wieder zu Beginn des 19. Jahrhunderts, als sich diese Ebene aufgrund heftiger Sandstürme in eine einzige Sandwüste zu verwandeln drohte. Zum Binden des Flugsands erwiesen sich Marillenbäume

als besonders geeignet, da sie nicht nur sandigen Boden, sondern auch Hitze und Trockenheit vertragen. Heutzutage werden Marillen insbesondere in Mittelmeerstaaten wie Italien und Spanien angebaut. Es gibt jedoch auch in nördlicher gelegenen Gebieten größeren Anbau dieser Früchte, u. a. im Südtiroler Vinschgau und im schweizerischen Kanton Wallis. Das weltweit größte Anbaugebiet liegt in der osttürkischen Provinz Malatya am Oberlauf des Euphrat. Dort werden die süßen Früchte entsteint und als ganze Frucht getrocknet. Mittlerweile stammen ca. 95 % der in Europa gehandelten getrockneten Marillen aus Malatya. Seit einigen Jahren werden auch frische Früchte nach Europa exportiert.

Mauritiushof von Franz Josef Gritsch, Spitz (links).
Blick über Weißenkirchen mit den Höhen des
Waldviertels im Hintergrund (oben).

Alles
Marille

Alles dreht sich um die Marille: Der Tanz beim Marillenkirtag in Spitz. So mancher Wanderweg ist der süßen Frucht gewidmet, und Informationstafeln begleiten den Spaziergänger durch Marillengärten. Zur Erntezeit säumen Verkaufsstände die Straßen der Wachau, und die Obstbauern setzten ihrer Fantasie keine Grenzen, wenn sie neue Marillenköstlichkeiten kreieren.

Marillenkirtag in Spitz rund um die Pfarrkirche St. Mauritius.

Die Welt ist rund wie ein Knödel

Spitz um 1950. Der Ort ist zur Marillenblüte in eine weiße Wolke gehüllt. 25.000 Marillenbäume wachsen im Gemeindegebiet, doch Absatzschwierigkeiten machen sich in den letzten Jahren bemerkbar. *„Von der Marillenblüte können nur die Gastwirte leben"*, seufzen die Obstbauern. So kommt es, dass die Mitglieder des Verkehrsvereins Spitz (wie damals die Touristenorganisationen noch hießen) den Marillenkirtag ins Leben rufen. Dieser findet seither jährlich rund um die Marillenernte im Juli statt.

Höhepunkt ist der Festzug, angeführt von König Marillus und Prinzessin Aprikosia, die ihren Namen auch als Reverenz (oder Übersetzungshilfe?) an die vielen deutschen Gäste in der Wachau trägt.

So begann ein Brauchtum, das nicht „alt und echt", aber lebendig und anpassungsfähig ist. Und mit dem Wiederaufbau und der Suche nach österreichischer Identität war die süße, sonnengelbe Frucht ein fröhlicher Kulturträger und ist es bis heute geblieben.

Die Nasenspitzen sind mehlig, die Augenbrauen auch. Dampf steigt aus den Töpfen, und auf den Wangen der Köchinnen bilden sich vor Eifer marillengroße Flecken. Erdäpfelteig in die linke, Marille in die rechte Hand: schwupp, schwupp – die Knödel werden kreisrund gerollt und hopp – in den Topf damit!

An die 4000 Marillenknödel werden jährlich am Marillenkirtag von Spitz frisch gekocht, und Frau Reiböck, Chefin des Gasthauses „Zum Goldenen Schiff" hat bis zu 18 freiwillige Helferinnen. Der berühmte Knödelautomat ist eine Spitzer Konstruktion und ein Kuriosum. Denn was sich als Automat tarnt, ist doch das Werk fleißiger Hände, die sich hinter der „Maschine" verstecken.

Reise in die Vergangenheit

• Nach dem 1. Marillenkirtag berichtet die Wachauer Zeitung am 9. August 1951: *„Unter der großen Kastanie wurden frische Marillenknödel verkauft, die durch ihre hervorragende Qualität alle Genießer zu Lobesäußerungen hinrissen …"*
• Das Angebot in den folgenden Jahren war vorerst puristisch: Marillenknödel, Marillenbrand und -likör.
• Das Hochwasser von 1954 gehört zu den schlimmsten Hochwasserkatastrophen der letzten 100 Jahre. Auf vielen Häusern entlang der Donau sind die Hochwasserstandsmarken verzeichnet. Der Marillenkirtag entfällt 1954 wegen der Hochwasserkatastrophe, aber nicht ohne folgenden Aufruf in der Lokalpresse: *„Alle Freunde der Wachau werden aber schon jetzt gebeten, im nächsten Jahr wieder Gäste dieser allseits beliebt gewordenen Veranstaltung zu werden."*
• 1955 *„netzte kein Regentropfen die Besucher"* und weiters wird berichtet, dass *„die Teigmassen bei 800 Knödeln erschöpft waren, wobei der Bedarf an Marillenknödeln weit höher gewesen wäre."* Nicht nur der Teig, auch die Köchinnen sind nach dem Ansturm erschöpft.
• 1957 werden bereits 5000 Besucher gezählt und ein Absatz von ebenso viel Kilogramm Marillen vermeldet. Erstmals reist ein Kamerateam des ORF zum Spitzer Marillenkirtag an.
• 1961 wird der Marillenknödelautomat „erfunden". Die Idee stammte vom Verkehrsvereinsobmann, die Ausführung von Kurt Schwinghammer. Bei einem Einwurf von 5 Schilling öffnet sich der Mund des Automaten, und auf der ausgestreckten Zunge liegen drei Marillenknödel.

Der Brunnen von Spitz wird während des Marillenkirtags zur Sektbar (unten), und der legendäre Marillenknödelautomat ist bis heute im Einsatz (rechts).

• 1962 werden weitere Rekorde vermeldet: 6000 verkaufte Festabzeichen und 2000 konsumierte Marillenknödel.

• Schlechtes Wetter setzt 1968 der Ernte zu. Die Früchte erreichen nicht die gewohnte Qualität und verderben zudem rasch. Die Preise sind ruinös: 3 Schilling pro Kilogramm im Straßenverkauf, die Händler bezahlen 1 Schilling. Die Rentabilität von Marillenkulturen wird in Frage gestellt.

• 1969 findet der Marillenkirtag bei 30 °C im Schatten statt. Die Festbühne am Platz liegt nachmittags in der prallen Sonne, aus der Volkstanzgruppe tönt eine Stimme: *„Könnten wir nicht ein Wasserballett im Brunnen tanzen?"*

• 1971 wird der Festplatz erweitert, und im Aggsteinerhof schenkt der Weinbauverein die Weine der „Winzergenossenschaft Wachau mit dem Sitz in Dürnstein" aus. Beim traditionellen Kirtagsbaumaufstellen am Vorabend des Festes durch die Freiwillige Feuerwehr haben Helfer und Zuschauer so viel Spaß, dass dieses Fest vor dem Fest ins Veranstaltungsprogramm aufgenommen wird. Seither beginnt der Marillenkirtag schon am Freitagnachmittag. Neben der Feuerwehr sind fast alle Spitzer Vereine am Fest beteiligt: der Trachtenverein Spitz, die Landjugend, der Jagdclub, die Trachtenkapelle Spitz, die Volkstanzgruppe Spitz, die Kinder des Kindergartens sowie die Spitzer Bürger und Gastgruppen in Festtagstracht.

• 1978 gibt es ein außergewöhnliches Problem. Ein verregneter Sommer verschiebt die Marillenernte um zwei Wochen, sodass der schon fixierte Kirtag ohne Wachauer Marillen auskommen muss. Es werden Früchte aus dem Ausland angekauft. Das mag den Marillenknödelautomaten gestört haben, er versagt seinen Dienst, und die Köchinnen müssen ohne seine „Hilfe" auskommen. Der Automat wird gründlich renoviert und tritt im nächsten Jahr wieder seinen Dienst an.

• 1979 gibt es Sonderzüge der ÖBB, die zum Kirtag fahren.

• 1984 ist ein Knödelwettessen die Attraktion des Kirtags. Der Sieger schafft drei Marillenknödel und ein Stamperl Marillenbrand in 29,2 Sekunden.

• Als „Insel der Geselligkeit" wird der 1986 der trocken gelegte Marktbrunnen bezeichnet, der zu einer Bar umfunktioniert und mit einem Sonnendach überspannt wird. Hier fließt nun statt Wasser einiges an Wein und Marillensekt die Kehlen hinunter.

• Immer nach neuen Attraktionen suchend, werden 1993 „Eier-Knödel" unter die Marillenknödel geschmuggelt. Wer in einen mit einem harten Ei gefüllten Knödel beißt, gewinnt zum Trost Urlaubstage in Spitz.

• 1996 wird das Ehrenzeichen der „Goldenen Marille" geschaffen und alljährlich an verdiente Personen vergeben. Das erste Abzeichen wird der Schauspielerin Waltraud Haas überreicht, die 1947 das Mariandl in „Hofrat Geiger" spielt und mit dem Lied „Mariandl-andl-andl aus dem Wachauerlandl-landl-landl" das ganze Land zum Mitsingen bringt. Im Remake „Mariandl" 1961 spielt Waltraud Haas die Mutter, Marianne Mühlhuber. Die Wachaufilme – allen voran eben „Mariandl" und „Hofrat Geiger", prägten im höchsten Maße das Bild der Wachau. Die Schauspielerin sagte in einem Interview: *Ich muss unbedingt noch erwähnen, was mich beim Marillenkirtag so beeindruckt, weil dahinter eine Riesenleistung steckt, die aus Idealismus und Heimatliebe vollbracht wird. Seit 30 Jahren ‚zerspragelt' sich die Fanni Mang mit ihrer Marillenknödel-Köchinnen-Riege für die Bereitung von tausenden Marillenknödeln für das Fest."*

Alle Vereine feiern beim Marillenkirtag, wie der
Wachauer Chor und die Volkstanzgruppe Spitz
mit ihren traditionellen Goldhauben.

• Eine der ersten Köchinnen des „Marillenautomatenversorgungsbetriebs", Anna Leithner, erinnert sich: *„1961, als ich das erste Mal dabei war, haben wir die Knödel noch im Haus Gritsch am Kirchenplatz gemacht. Dann sind wir in die Küche des Hauses der Landwirtschaft übersiedelt. Ein paar Jahre später war die Knödelküche beim Fleischhauer Pichler in der Marktstraße, und erst ab 1973 konnten wir die Küche der Hauptschule benutzen. Jedes Jahr habe ich die Anzahl der Knödel aufgeschrieben, nur so für mich, und nach 30 Jahren habe ich sie zusammengezählt: es waren 50.000 Stück!"*

Die Spitzer Knödelköchinnen im Gasthaus Mariandl.

Marillenkirtag in Spitz

(von Wilhelm Nawratil)

In jedem Jahr zur größten Hitz'
Marillenkirtag gibt's in Spitz!
Für jedermann und ohne Quoten
Marillenknödel sind geboten!
Mein lieber Freund, lass dir gut raten,
kauf' keine Schokoladedukaten,
auch keinen Tand und keinen Trödel,
sondern ein paar Marillenknödel!
Wer weiß, wie so ein Knödel schmeckt,
sich mit Vergnüg'n die Lippen schleckt!
Wer heimfährt, ohne sie zu kosten,
der ist's nicht wert, ihm zuzuprosten!
Marillenknödel, wunderbar!
Ich komme auch im nächsten Jahr,
und sei es auch bei Sturm und Blitz,
zum Knödelessen prompt nach Spitz
und werde sicher nicht vergessen
auf das Marillenknödelessen.
Marillenknödel – wunderbar!
Auf Wiederseh'n im nächsten Jahr!

(Die obigen Informationen und das Gedicht sind der Chronik „50 Jahre Wachauer Marillenkirtag in Spitz" entnommen.)

Prinzessin Aprikosia und König Marillus.

Der Marillenkirtag wurde 1951 erstmals veranstaltet.

Marillen-Wanderwege

Zwischen Rossatz und Arnsdorf, in Spitz und in Angern sind Wanderwege ausgeschildert, die durch Marillengärten führen und auf Schautafeln und Informationsbroschüren Interessantes über die Marille, ihre Geschichte und ihre Produkte aufzeigen.

Die drei Themenwanderungen decken das ganze Spektrum der Donaulandschaft ab. Zwischen Rossatz und Arnsdorf führen sie entlang des Ufers und am Saum der Au-Vegetation vorbei. In Spitz führt die Marillen-Wanderung durch die Steinterrassenlandschaft der Wachau hinauf in das Waldviertel. Hier ist der Übergang vom milden Klima des Donautals zum rauen des Waldviertels an der Vegetation zu sehen. In Angern führt der Wanderweg über die Sedimentstufen, die die Donau schuf.

Wandern entlang der Marillenmeile Rossatz

Typische Hauerhöfe mit ihren breiten Mantelkaminen und Flacherkern prägen das Ortsbild. Wein umrahmt die Hoftore. Und auf Schildern, Hinweistafeln und in Vitrinen schön präsentiert, bietet man nahezu überall Marillen in klarer und in süßer Form an.

Rossatz-Arnsdorf ist die größte Marillenanbaugemeinde Österreichs und der Obstgarten der Wachau. Für die Ortschaften am rechten Donauufer war es daher naheliegend, auch in ihren Tourismusaktivitäten die Marille in den Vordergrund zu stellen. Ursprünglich wäre im Salzburgerhof in Oberarnsdorf ein Obstbaumuseum vorgesehen gewesen. Aber durch das Hochwasser 2002 wurden die Sanierungsarbeiten des Gebäudes mit seinem romanischen Keller stark in Mitleidenschaft gezogen. So beschloss man, die Marille anders zu präsentieren.

Die Marillenmeile zeigt die Frucht dort, wo sie wächst: in der Landschaft. Spazierwege rund um die Dörfer Ober- Mitter- und Hofarnsdorf und Wege zwischen Rührsdorf und Rossatz erklären in Stationen alles rund um die Marille.

Die Wege führen auch bei den meisten Marillenproduzenten der Gemeinde vorbei. Etwa 40 Marillengartenbesitzer bieten ihre Produkte an. Hier kann man natürlich – je nach Saison – Marillen frisch oder in vielerlei Zubereitungsvarianten verkosten bzw. erwerben. Einige Obstbauern haben sich zusätzlich spezialisiert und bieten Seminare zu den Themen Marmeladeeinkochen, Obstbaumschnitt oder Schnapsbrennen an.

In Oberarnsdorf sind im „Salettl" Informationen über die Marille zu erhalten, sowohl in digitaler als auch in analoger Form.

Die Marillenmeile Ost führt von Rossatzbach über Rossatz zurück zum Ausgangspunkt in Rossatzbach. Die längere Variante der gut ausgeschilderten und mit interessanten Informationstafeln versehenen Marillenmeile Ost führt weiter nach Rührsdorf.

Die Marillenmeile West verbindet die Arnsdörfer (Bach-, Mitter-, Hof- und Oberarnsdorf) miteinander.

Mit dem spektakulären Blick auf die Kulisse der scheinbar aus dem Berg gewachsenen Ruine von Dürnstein und dem blauen Stiftsturm, der sich im Wasser der Donau spiegelt, beginnt die Wanderung der Marillenmeile Ost zwischen Rossatzbach und Rührsdorf. Den schönsten Ausblick nach Dürnstein hat man vom Rossatzer Ufer aus auf das vis-à-vis gelegene Städtchen. Ein alter Fremdenverkehrsprospekt aus Rossatz verkündet: *„Von hier gelangt man mit einer Motorfähre nach Dürnstein, jener Stadt, die ja von herüben viel schöner anzusehen ist wie von drüben. Der stark besetzte Campingplatz beweist dies."*

Die Donau schuf bei Rossatz ein Knie. In der so entstandenen Scheibe, die flach und fruchtbar ist, liegen die meisten Obstgärten. Auch eine der wenigen verbliebenen Aulandschaften der Wachau ist hier zu finden.

Entlang des Donauufers stehen in Rossatzbach kleine Wochenendhäuser auf Stelzen. Diese Architektur aus den 1930er Jahren erinnert an die Zeit der ersten Sommerfrischler am rechten Donauufer. Wer sich kein Haus leisten konnte, mietete ein Zimmer. Die Festschrift von Rossatz berichtet: *„Ab 1935 verbrachten ganze Familien die Schulferien in Rossatz. Die Hauer zogen sich in die kleinsten Kammern zurück und überließen den zahlenden Wienern die schönen Zimmer. Jeden Samstagabend gab es wahre Völkerwanderungen zur Rollfähre, weil die Familien ihre diensttuenden Väter abholten."*

Der schöne Badestrand mit dem unvergleichlichen Blick nach Dürnstein wurde zum „Rossatzer Gänsehäufel". In Rossatz entstanden im Jahre 1931 das „Villengassl" und der erste Wachauer Tennisplatz.

Für gute Marillen nahmen die Gäste weite Fußmärsche in Kauf. Die Festschrift „1000 Jahre Rossatz" vermerkt: *„Während des Zweiten Weltkrieges und noch Jahre danach kamen als Fremdenverkehrsträger die Marillenhamsterer dazu. Oder sagen wir besser: Marilleneinkäufer. Der Zug von Wien fuhr damals nur bis Traismauer, und wer Marillen wollte, musste die Kilometer nach Rossatz und wieder zurück zu Fuß gehen; und das mit leerem bzw. vollem Rucksack."*

Marillenmeile Ost

Marillenmeile West

Die „Marillenmeile West" verbindet die Dörfer Bacharnsdorf, Mitterarnsdorf, Hofarnsdorf, Oberarnsdorf (in der Wachau kurz und bündig Arnsdörfer genannt) sowie St. Johann im Mauerthale. Am gegenüberliegenden Donauufer bauen sich die steilen Terrassenweingärten auf, mit berühmten Rieden wie Klaus, Achleiten und Singerriedl sowie der dicke gemütliche Bauch von Spitz, der Tausendeimerberg. Die Marillenmeilenwanderung West führt das Donauufer entlang. Dort wo die Rollfähre anlegt, lässt es sich gut rasten und dem Betrieb der liebenswürdig alten Fähre zusehen.

Wenn im Spätherbst nach der Lese auch in den Weingärten Stille eintritt, liegt die Uferkante mit ihren Obst- und Weingärten, Badeständen und Motorbootanlegestellen verlassen da. Zwischen den Marillenbäumen aufgebockt und gut in Planen verhüllt, finden sich die Boote der Hobbykapitäne. Das Nusslaub bildet auf den Wegen dicke, nasse Teppiche, und nur ein paar vergessene Äpfel leuchten in den Apfelbäumen anstatt der raren Herbstsonne.

Marillenernte klassisch – mit dem spitzen Korb, der in der Wachau „Zistl" genannt wird. Im Hintergrund die Ruine Dürnstein.

33

Historischer Streifzug entlang der Marillenmeile

Die Anwesenheit der Römer am rechten Donauufer wird in Bacharnsdorf (und in Rossatzbach) durch jeweils einen Burgus belegt. Diese römischen Wachtürme wurden entlang der Donaugrenze erbaut und schützten die Provinz Noricum vor feindlichen Übergriffen. Die Mauerreste dieses Burgus in Bacharnsdorf fügen sich recht malerisch in ein Wohnhaus ein.

Rossatz gehört zu den ersten Nennungen im Land Niederösterreich und wurde 985 in Schriften der Passauer Bischöfe verzeichnet. Wie viele Orte in der Wachau gehörte auch Rossatz im 9. Jahrhundert zu den Besitzungen bayerischer Klöster und Bistümer. Und zwar war Rossatz ursprünglich im

Die Jakobskirche und das Schloss in Rossatz.

Besitz des Benediktinerstiftes Metten bei Regensburg. Andere Klöster wie z. B. Stift Suben am Inn oder das Kloster Tegernsee erwarben später ebenfalls Besitzungen in Rossatz.

Nach der Schlacht am Lechfeld 955, als die Ungarn von König Otto I. besiegt wurden, konnten die Besitzungen wieder verstärkt genutzt werden, und die Wirtschaftshöfe an der Donau lieferten den Klöstern im bayerischen, salzburgischen und oberösterreichischen Raum sowie den Bischöfen von Passau und Salzburg Wein und Früchte.

Der Kirchenplatz wird von der St. Jakobskirche mit dem frühgotischen Westturm beherrscht.

Ein Konglomerat der Geschichte ist das Schloss Rossatz, das aus den Gebäuden des Erlaklosterhofs, der einstigen Schmiede und dem eigentlichen Herrschaftsbau besteht, die in der Renaissance ausgebaut und mit einem Arkadenhof versehen wurden.

Vom Frühmittelalter bis ins 19. Jahrhundert (860–1803) unterstand das Gebiet um die Arnsdörfer ein ganzes Jahrtausend den Salzburger Erzbischöfen. Daran erinnert auch die Hofarnsdorfer Kirche, die dem Salzburger Gründerheiligen St. Rupert geweiht ist. Die Fürsterzbischöfe wiederum vergaben Gründe an eigene Klöster wie an die Benediktiner von St. Peter oder dem Nonnberger Benediktinerinnenkloster.

Die Arnsdörfer wurden nach dem ersten Salzburger Erzbischof Arno (785/98–821) benannt, der zwar nie formell kanonisiert, aber im Volk bisweilen als Heiliger verehrt wurde.

Der wichtigste erzbischöfliche Beamte war der in Hofarnsdorf ansässige Hofmeister. Für den Weinbau war ein eigener erzbischöflicher Bergmeister zuständig. Erst die Säkularisation des Jahres 1803 brachte – so wie im Land Salzburg selbst – auch in Arnsdorf das Ende der geistlichen Herrschaft. Das Salzburger Stift St. Peter verkaufte seine Arnsdorfer Besitzungen erst 1931.

In der Kirche von St. Johann ist eine gotische Madonna mit Jesuskind und einer Birne in der Hand zu sehen sowie die Statue des hl. Albinus, der zu seinen Lebzeiten viele Wunder vollbrachte. Seine Statue steht in einer vergitterten Nische, früher stand er inmitten der Kirche. Davor war im ungepflasterten Boden eine Vertiefung, aus der die Gläubigen Erde herauskratzten, von der sie sich Wunder erhofften. Wunder erhofften sich auch die Rossführer und Schiffer, und so erzählt die Sage, dass sie den Heiligen einst nach St. Nikola entführten, jenem Ort mit den gefährlichen Wasserstrudeln. Doch am nächsten Tag war der Heilige verschwunden. Er war wieder in seiner Kirche in St. Johann, und als die Rossführer und Schiffsleute das nächste Mal St. Johann passieren wollten, blieben die Pferde wie angewurzelt stehen. Flüche und Peitschenhiebe halfen nicht. Erst als die Männer in die Kirche gingen und beteten, konnte der Schiffszug die Fahrt fortsetzten. Von da an wurden dem hl. Albinus die Hufeisen der Pferde als Dank gebracht.

Bekannt ist auch der Hahn auf der Turmspitze, der einer Legende nach den Mauerbau des Teufels verhinderte. Der Höllenfürst wollte eine Sperre quer durch die Donau ziehen, denn die große Beliebtheit des hl. Albinus war ihm schon sehr lästig. Ehe der erste Hahn krähte, sollte der Teufel in einer Nacht mit dem Bau der Staumauer fertig werden. Der Kirchturmhahn von St. Johann beobachtete das böse Spiel und krähte, bevor die Staumauer fertig war. Die Reste der Teufelsmauer sind bis auf den heutigen Tag auf der gegenüberliegenden Seite bei Spitz zu sehen.

Durch die Lage unmittelbar am Strom ist Rossatzbach historisch mit der Schifffahrt eng verbunden, da die Donau seit der fränkischen Landnahme bis zum Bau der Eisenbahnen der wichtigste west-östliche Verkehrsweg war. Stromaufwärts wurden die Schiffe von Pferden gezogen. Diese Schiffszüge waren eine aufwändige Kombination von Schiffs- und Pferdeführern. Die Pferde und ihre Führer nützten den Treppelweg, der unmittelbar an Rossatzbach vorbeiführte, und Schiffsmeister, Zillenschopper, Fischer oder Fährmänner siedelten sich in Rossatz an.

Der Flurname „Schopperstatt" bei Rossatz erinnert an die Donau als regen Handelsweg. Die undicht gewordenen Zillen, Mutzen und Trauner mussten immer wieder ausgebessert werden, und zwar wurden sie zwischen den Holzplanken mit Moos abgedichtet. Dieses Verstopfen der Ritzen mit Moos wurde „schoppen" genannt – daher der Name „Schopperstatt".

Die Kirche von St. Michael.

Marillenwandern in Angern

Eine Apfelplantage lädt nicht unbedingt zu einer Wanderung ein: zu reglementiert stehen die Bäume in Reih und Glied. Bei einem Marillengarten ist das anders. In den alten Kulturen in Angern östlich von Göttweig finden sich Baumriesen, die bis zu 17 m hoch sind. Der Obstgarten mutet wie eine Parklandschaft an.

Der Rundweg beginnt am Fuß des Schlosses Wolfsberg in Angern. Der ursprüngliche Gutshof wurde im 17. Jahrhundert zu einem Schloss erweitert. Es war lange Zeit im Besitz des Stiftes Göttweig sowie im Besitz des Ritters von Drasche (ein Ziegelei- und Bergwerksbesitzer). Während des Ersten Welt-

krieges waren im Schloss Flüchtlinge untergebracht. Von 1934–1989 gehört das Haus dem Orden der „Dienerinnen des heiligsten Herzens Jesu", die es als Erholungsheim für Kinder nutzen. Die Kinder von damals werden sich wohl oft und gerne an die Marillengärten der Umgebung zurückerinnern.

An Marillengärten können sich auch Häftlinge der Strafanstalt Stein erinnern. In Oberfucha werden die Obstgärten der Haftanstalt von den Freigängern betreut.

In den sanften Landschaftsstufen, die durch Donausedimentablagerungen entstanden, wechseln einander Wein- und Obstgärten ab. Mehrere Stationen des Marillenrundweges mit Informationstafeln erweitern das Wissen um die Marille und geben Einblick in die Vielfalt der Landschaft. Auch Tiere, die den Marillengarten aufsuchen, werden vorgestellt. Dazu gehört z. B. das Ziesel, das in Erdlöchern lebt und sich unter anderem von den am Boden liegenden Früchten ernährt.

Schilder weisen auf geöffnete Heurigenbetriebe hin und laden zur Einkehr zwischendurch. Immer wieder eröffnen sich schöne Blicke nach Stift Göttweig sowie ins Land stromaufwärts und stromabwärts.

Der Marillenweg kreuzt einen anderen Themenweg, der sich mit den Ziegeleien und dem Braunkohleabbau in Oberfucha beschäftigt. Bis in die 1950er Jahre wurden, aufgebaut durch den k.-k. Ziegelfabrikanten Drasche, Ziegelöfen sowie ein Braunkohlebergwerk im Gebiet von Oberfucha betrieben. Nachdem der Betrieb eingestellt wurde, wurden die Brennöfen abgetragen – stattdessen pflanzte man Marillenkulturen. So kommt es, dass in Oberfucha der Marillenbau im großen Stil begann, als anderswo in der Wachau die Bäume umgeschnitten und an deren Stelle wieder Rebkulturen ausgepflanzt wurden. Die Marillenbäume, die im Gebiet zwischen Oberfucha und Angern stehen, gehören somit zu den ältesten der Wachau und sind wahre Riesen.

1 Im Reich der Wachauer Marille
2 Platz der Vielfalt
3 Sinneswandel –
  Der Marillenbaum
4 Zieselwarte
5 Reiche Ernte –
  Der Lohn der Arbeit
6 Hofladen und Verkostung

Winzer und Obstbauer Harald Aufreiter bei einer Führung durch den Marillenwanderweg in Angern.

Ausblicke auf das Benediktinerstift Göttweig und die Wetterkreuzkirche begleiten die Marillenwanderer während ihres Rundganges. Auf einem Höhenrücken östlich von Angern steht die Wetterkreuzkirche. An ihrer Stelle stand früher ein Wetterkreuz, das Gewitter und Unwetter abhalten sollte. Doch das Holzkreuz wurde durch ein Unwetter zerstört. 1651 wurde an seiner Stelle mit dem Bau einer Kapelle begonnen, die später zu einer Kirche erweitert wurde. Immer mehr Menschen aus der Umgebung kamen hierher zur Wallfahrt, und ein Einsiedler hatte die Aufgabe, die einsam gelegene Kirche zu betreuen. 1882, 1913 und 1920 wurde die Wetterkreuzkirche jeweils durch Blitzschlag und Brand schwer beschädigt. So gut es ging, wurde sie in der Zwischenkriegszeit wieder instand gesetzt, um schließlich 1945 von der Wehrmacht als Beobachtungsposten missbraucht und von Granattreffern beschädigt zu werden; Soldaten verheizten sogar ihre Bänke und Seitenaltäre. Die schicksalsreiche Geschichte der Wetterkreuzkirche bewegt viele Besucher, und treue Wallfahrer kommen alljährlich hierher.

Blick von den Marillengärten bei Angern zum Stift Göttweig (oben).

Die Riede Bruck ist die steilste Terrassenlage im Spitzer Graben (rechts).

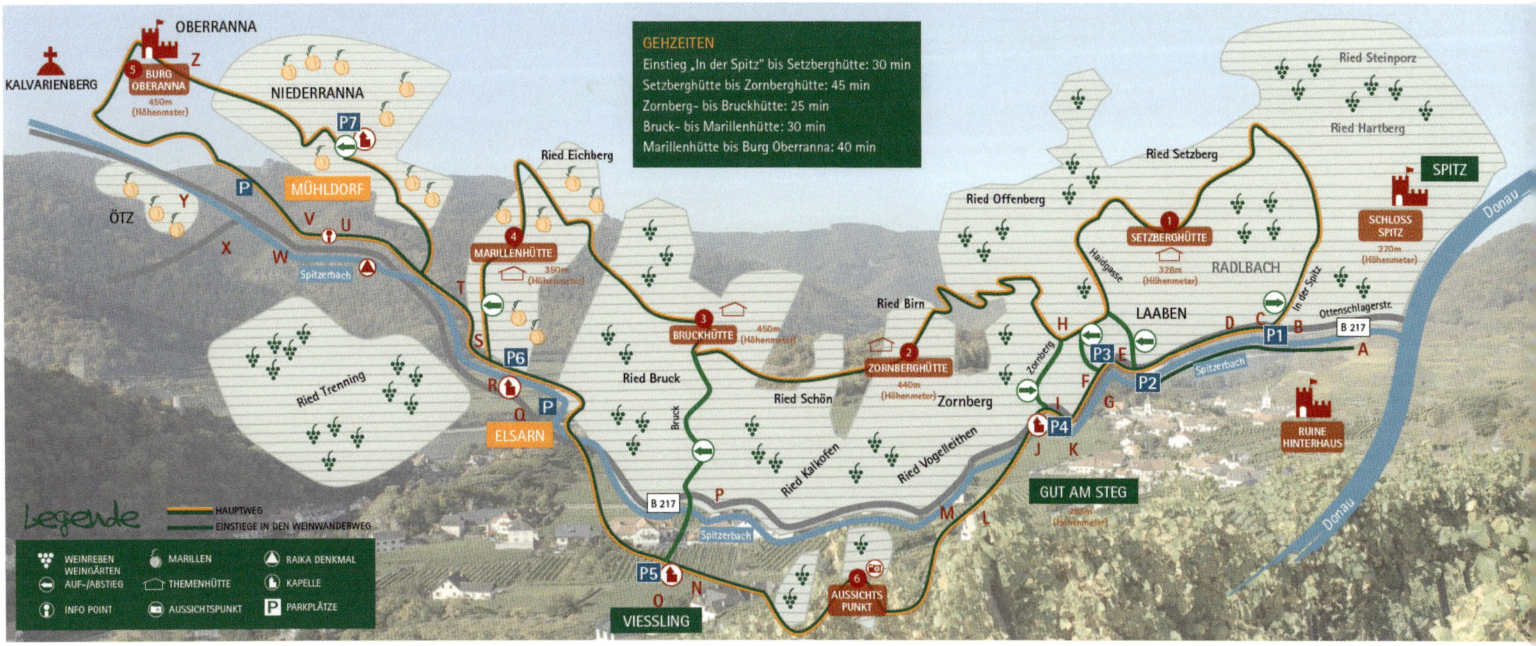

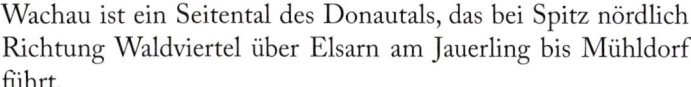

Map legend and labels:

GEHZEITEN
Einstieg „In der Spitz" bis Setzberghütte: 30 min
Setzberghütte bis Zornberghütte: 45 min
Zornberg- bis Bruckhütte: 25 min
Bruck- bis Marillenhütte: 30 min
Marillenhütte bis Burg Oberranna: 40 min

OBERRANNA
KALVARIENBERG
BURG OBERRANNA 450m (Höhenmeter)
NIEDERRANNA
ÖTZ
MÜHLDORF
Spitzerbach
Ried Eichberg
MARILLENHÜTTE 350m (Höhenmeter)
Ried Trenning
BRUCKHÜTTE 450m (Höhenmeter)
ELSARN
Ried Bruck
Bruck
Ried Schön
Ried Kalkofen
Ried Birn
Ried Vogelleithen
ZORNBERGHÜTTE 440m (Höhenmeter) Zornberg
Ried Offenberg
SETZBERGHÜTTE 326m (Höhenmeter)
RADLBACH
LAABEN
Hadgasse
Zornberg
Spitzerbach
GUT AM STEG 200m (Höhenmeter)
VIESSLING
AUSSICHTS PUNKT
B 217
Ried Steinporz
Ried Hartberg
Ried Setzberg
SPITZ
SCHLOSS SPITZ 220m (Höhenmeter)
In der Spitz
Ottenschlagerstr.
B 217
RUINE HINTERHAUS
Donau

Legende
HAUPTWEG
EINSTIEGE IN DEN WEINWANDERWEG
WEINREBEN WEINGÄRTEN
AUF-/ABSTIEG
INFO POINT
MARILLEN
THEMENHÜTTE
AUSSICHTSPUNKT
RAIKA DENKMAL
KAPELLE
PARKPLÄTZE

Vom Wein zur Marille im Spitzer Graben

In Spitz führt der Panoramaweg von der Donau in ein Seitental hinein, welches enger und enger wird und in dem der Spitzer Bach tief eingeschnitten fließt. Hier beginnen die Übergänge von der klimatisch begünstigten Wachau ins raue Waldviertel hinauf sichtbar und spürbar zu werden. Der Spitzer Graben im Weinbaugebiet und Weltkulturerbe Wachau ist ein Seitental des Donautals, das bei Spitz nördlich Richtung Waldviertel über Elsarn am Jauerling bis Mühldorf führt.

Hier befinden sich die höchsten und steilsten Weinterrassen der Wachau. Weinhauer produzieren unter schwierigen Bedingungen auf ihren steilen Terrassen bekannte Weine. Die Wärme der einfallenden Sonne wird in den Mauern der Steinterrassen gespeichert und gibt diese an die Rebstöcke ab. Dadurch erhalten die Weine ihre unverkennbare geschmackliche Charakteristik. Auch die Marillen profitieren von den Temperaturunterschieden zwischen Tag und Nacht und von der dünnen, aber mineralhaltigen Humusschicht, die auf den Gneisböden liegt. Die Marillengärten im Spitzer Graben beginnen auf 350 m und reichen beinahe bis Burg Oberranna, die auf 450 m Seehöhe steht.

Der Weg wird von Stationen, die in Weinberghütten untergebracht sind, begleitet. In der Setzberghütte wird die Trockenrasenvegetation erklärt, die sich auf vielen humusarmen Berghängen ausbreitet. Damit Trockenrasen nicht verholzen, ist es notwendig, sie von Schafen extensiv beweiden zu lassen, so wie es in der Wachau wieder geschieht.

Hier wachsen einzigartige Pflanzen, die von zarter Statur, aber intensiver Blüte sind – wie z. B. die Steinnelke. Seltene Tierarten sind in dieser Vegetation anzufinden. So z. B. die Gottesanbeterin, die durch ihre bedrohlichen Fangbeine in Gebetsstellung ihren Namen bekam. Diese Fangschrecke wird bis zu acht Zentimeter lang.

Der Panoramaweg ist bei der Riede Bruck schon auf 450 Höhenmeter geklettert und führt an den steilsten Terrassenlagen der Wachau vorbei. Weinstöcke, die direkt an den Mauern stehen, werden „Mauerstöcke" genannt. Sind die besonderen Lieblinge der Winzer, da die Wurzeln in den Stein gehen und sie dadurch besonders viele Mineralien aus ihm herausholen. Entlang den Steinmauern sind viele kleine Details zu entdecken. Da gibt es die „Wasserstuben", in denen sich bei starken Regfällen das Wasser, aber auch die abgeschwemmte Erde der Terrassenstufen sammelt. Es gibt eine große Vielfalt an Stiegen, die von Terrasse zu Terrasse führen. In den Mauern sind kleine Bildstöcke und Ausnehmungen, die als Unterschlupf bei Unwetter oder zum Aufbewahren von Gerätschaften dienten, eingelassen.

Die Weingärten enden hier und werden von Marillengärten abgelöst. In der Marillenhütte Elsarn wird auf die Besonderheiten der Marille im Spitzer Graben hingewiesen.

Bei der Burg Oberranna beginnt der Rückweg durch den Spitzer Graben. Die Burg aus dem 12. Jahrhundert ist mit Ringmauer und Burggraben umgeben und liegt inmitten von Obstgärten. Ihre romanische Burgkapelle zum heiligen Georg ist ein einschiffiger, doppelchöriger Raum mit je einem Querhaus im Osten und im Westen sowie einem Turm.

Marillenbaum als Geschenk

„Schenken Sie ein Leben – schenken Sie einen Baum!" Mit diesem Aufruf wirbt der Verein mit dem Namen „Hortus Wachau – Patrimonium Mundi" für den Erhalt von Marillengärten in der Wachau. Baumpatenschaften finanzieren die Pflege alter Marillenkulturen. Entstanden ist die

Blick von Mitterarnsdorf nach Spitz (links).

Karl Hohenlohe und Hotelier Christian Thiery beim Pflanzen eines Marillenbaums (rechts).

Idee im Schlosshotel Dürnstein, weil der Hotelier und weitere begeisterte Wachauer einerseits den örtlichen Jugendsport finanziell unterstützen und anderseits die Wachauer Marille in Obstgärten, die von ihren Besitzern nicht mehr betreut und gepflegt werden können, erhalten wollen. So fügt der Verein beide Anliegen zusammen. Der Erlös der Baumpatenschaft kommt der Sportjugend zugute sowie der Pflege der Marillengärten.

Mit dieser Patenschaft „verwurzelt" sich der Pate auf eine besondere Weise mit der Wachau. Denn ein Baum ist nicht nur ein Sinnbild für das Heranwachsen und Veränderungen, sondern auch für Verbundenheit. Ebenso wie ein gesunder Baum mit dem Boden verbunden ist, so sollen auch die Baumpaten die Möglichkeit haben, ein Teil der Wachau zu werden. Die Beobachtung eines Baumes bietet übers Jahr hinweg – angefangen von der Blüte über die Ernte bis hin zur Winterruhe – ein einzigartiges Naturschauspiel, und das ein ganzes Leben lang.

Auch bekannte Paten wie der niederösterreichische Landhauptmann Erwin Pröll, der Kolumnist Karl Hohenlohe, der Architekt und Karikaturist

Der Verein „Hortus Wachau" bewahrt alte Marillenkulturen. Tafeln benennen die Paten der Marillenbäume.

Gustav Peichl oder der Journalist Mark Perry sind solcherart mit der Wachau „verwurzelt". Gemeinsam mit den Paten will der noch junge Verein in den nächsten Jahren auch Blüte- und Erntefeste ausrichten.

Als Erinnerung erhält jeder Pate und jede Patin eine Geschenkrolle und eine Anstecknadel, und am Baum wird eine Plakette mit dem Namen seines Paten angebracht. Alljährlich gibt es für die Paten Marillenprodukte (Marillenbrand, Marmelade) und 3 kg frische Marillen vom eigenen Baum.

Mittlerweile wurden bereits über 100 Patenschaften in zwei Gärten verkauft. Der erste Garten befindet sich in Rossatz, der zweite in Dürnstein gegenüber der Domäne Wachau. Die Gärten sind mit einer „Hortus"-Fahne gekennzeichnet.

Verein Wachauer Marille

Die Wachauer Marille ist seit 1995 als geschützte Ursprungsbezeichnung „Wachauer Marille g.U." eingetragen und geschützt. Anbau, Verarbeitung und Verpackung muss in dem Gebiet erfolgen. Die Bezeichnung Wachauer Marille dürfen alle Personen führen, die die alten Sorten in dem beschriebenen Gebiet anbauen.

Der Verein zum Schutz der Wachauer Marille bezweckt gemeinnützig die Kultivierung, Erhaltung und den Schutz der Wachauer Marille, die ausschließlich in den 21 Mitgliedsgemeinden wachsen und die Bezeichnung „Wachauer Marille" tragen dürfen:

Aggsbach-Markt   Mühldorf
Albrechtsberg   Paudorf
Bergern im Dunkelsteinerwald   Rohrendorf bei Krems
Droß   Rossatz-Arnsdorf
Dürnstein   Schönbühel-Aggsbach
Emmersdorf   Senftenberg
Furth   Spitz/Donau
Gedersdorf   Stratzing
Krems   Weinzierl am Wald
Maria Laach   Weißenkirchen
Mautern

Die Mitgliedsbetriebe des Vereines bewirtschaften ca. 90 % der Marillenanbaufläche der Wachauer Marille. Das Gütesiegel des Vereines (der Pflückkorb) dient dazu, dem Konsumenten die im Verein eingetragenen Marillenproduzenten und -verarbeiter auszuweisen.

Das Gebiet des Vereins Wachauer Marille ist weit größer als das sehr eng gefasste Gebiet, das Wachauer Wein verkauft. Mit dem Gütesiegel der „Original Wachauer Marille" garantieren über 200 Wachauer Marillenbauern dem Konsumenten die Herkunft und die einzigartige Aroma- und Geschmacksqualität der Wachauer Marille. Natürlich gibt es viele Gartenbesitzer, die ihre Marillen und Marillenprodukte nicht vereinsmäßig organisiert haben. Viele von ihnen verkaufen ihre Ernte an Stammkunden aus ganz Österreich oder geben sie an die großen Produzenten ab. Ein Großteil der in der Wachau geernteten Wachauer Marillen (70 %) wird im Straßenverkauf oder Ab-Hof an Privatkundschaft vermarktet.

Vor allem die Marillen der Hobbygärtner sind biologisch, da sie keine Spritzmittel verwenden. Sie dürfen aber offiziell nicht als biologische Ware verkauft werden, da sie nicht zertifiziert sind.

„Mit der Globalisierung kam die Regionalisierung", sagt Franz Reisinger, Obmann des Vereins Wachauer Marille und Chef des Obsthofes Reisinger in Mitterndorf am Jauerling. Sein Hof liegt auf 800 m Seehöhe mit einem Ausblick über die Hügelwellen des Dunkelsteiner Waldes bis weit ins Voralpenland. Unten im Tal liegen seine Marillengärten. 18 ha bewirtschaftet Franz Reisinger, davon sind 10 ha Marillen. Ein Dutzend Vertragsbauern liefern das weitere Obst. Marillen-, Pfirsich- und Erdbeernektar, Apfel-, Birnen-, Ribisel- und Traubensäfte, Cidre und Edelbrände werden in Mitterndorf am Jauerling hergestellt.

„Das Klima", schwärmt Franz Reisinger, „ist das, was die Wachauer Marille ausmacht, der viel beschworene Wechsel von kühlen Nächten und warmen Tagen. Eine Marille aus Süditalien schmeckt einfach fad", meint er, und das sei auf die ausgeglichene Temperatur zwischen Tag und Nacht zurückzuführen.

„Meine ganze Energie investiere ich in die Qualität", sagt Reisinger. Die Qualität besteht aus vielen kleinen Schritten, die sich über das ganze Jahr verteilen. Es beginnt schon damit, dass er die Bäume selbst veredelt. Wenn das Zittern und Bangen während der Blüte vorüber ist, beginnt das Ausdünnen der Bäume, die ständige Sorge, ob Krankheiten aufkommen oder sich Schädlinge einnisten. Generalstabsmäßig muss die Ernte erfolgen. „Die Ernte muss am Punkt sein. Keinen Tag zu früh oder zu spät." Das erfordert bei einem so großen Betrieb zehn bis zwölf Erntehelfer, die auch wissen müssen, wann die Marillen, Birnen und Äpfel reif sind. „Mit der Zeit spürt man es. Du nimmst die Marille in die Hand, und mit einer halben Umdrehung löst sie sich vom Stiel."

Blick auf die Burgstadt Dürnstein und in die Wachau.

Im Marillengarten

Die Marille ist ganz schön heikel, und Krankheiten fasst sie auch gerne aus. Lagern kann man sie auch nicht (was allerdings die Kreativität in ihrer Verarbeitung gefördert hat).

Allgemeines

Die Marille gehört zur Familie der *Rosaceae*, zur Unterfamilie der *Prunoideae*, Gattung *Prunus*, Untergattung *Prunophora*, Sektion *Armeniaca*, Art: *Prunus armeniaca L.* (Gewöhnliche oder Gemeine Marille). Die Marille ist eine einsamige Steinfrucht, hat fünf Kelch-, fünf Kron- und 25 Staubblätter und einen einblättrigen, mittelständigen Fruchtknoten.

Verwandte Arten sind die Sibirische, Mandschurische, Japanische Marille und die Pflaumen-Marille.

Die Stangen, die an den Marillenbäumen lehnen, stützen im Sommer die fruchtschweren Äste (oben).

Marillenbäume in der Baumschule: Die alten Sorten der Ungarischen Besten sind gefragt (rechts außen).

Die traditionellen Marillensorten der Wachau gehören zum Formenkreis der Ungarischen Besten und zählen zu der Sortengruppe Klosterneuburger Marille.

Der Marillenbaum ist auf Generation ausgelegt. Er trägt Früchte bis ins hohe Alter von 70 Jahren und wird mit seiner charakteristischen Silhouette bis zu 17 m hoch. Er wächst bis in raue und hohe Lagen als Spalierbaum an sonnenseitigen Fassaden und ist Stolz und Schmuck der Hausbesitzerinnen und Hausbesitzer. In der Wachau, die landschaftlich und auch wirtschaftlich kleinstrukturiert ist, gibt es keine Obstplantagen wie zum Beispiel in Südtirol. Die Marille wird im Gegensatz zum Apfelbaum nicht (oder nur selten) spindelförmig geschnitten und behält ihre natürliche Baumform. So tragen die Obstgärten mit ihren alten Marillenbäumen zur Vielfalt der Kulturlandschaft bei.

Beste Voraussetzungen

Die Vielgestaltigkeit der Terrassenlagen sowie die fruchtbaren Böden an den Ufern, die Seitentäler und Höhenlagen bieten in der Wachau ein breites Spektrum für den Obstbau. Vom Ufer der Donau bis zu den Höhen des Dunkelsteiner Waldes und des Waldviertels findet sich eine große Zahl von Komponenten, die der Frucht eine große Entwicklungsmöglichkeit mitgeben.

In der Wachau treffen die baltische und die pannonische Klimazone aufeinander, wobei der Osten der Wachau wärmebegünstigt ist. Im Donautal kommt der Wind von

Die typische Wachauer Landschaft: Steinterrassen mit Wein und Marillen, dazwischen Weingartenhütten.

Westen, doch das Tal schützt vor Winden aus östlicher und südlicher Richtung. Die Sonnenscheindauer beträgt im Jahr 1.721 Stunden.

Die Aromafeinheit wird von den großen Temperaturunterschieden zwischen Tag und Nacht beeinflusst. Licht- und Wärmestrahlen werden tagsüber von der großen Wasserfläche des Stroms reflektiert, in der Nacht strömt von den Wäldern der Bergkuppen kühle Luft ins Tal. Diese täglichen Temperaturschwankungen fördern die Bildung feiner Aromastoffe.

Widrigkeiten

Einmal erfrieren sie, das andere Mal verfaulen sie. Einmal gibt's keine und dann wieder zu viele. Zwei bis drei gute Ernten in zehn Jahren ist eine alte Faustregel in der Wachau; dieser „Schnitt" wurde aber durch gute Pflege und richtige Standortwahl von den professionellen Obstbauern gehoben.

Alle drei bis vier Jahre muss man damit rechnen, dass die Blüten abfrieren. Besonders sensibel reagiert die Marille auf Frost, wenn die Frucht „in der Hose" steckt, wie das Anfangsstadium nach der Befruchtung genannt wird. Später Frost im April lässt die Obstbauern zittern. Minusgrade kündigen sich an, wenn Kaltluft aus Nord und Nordost einströmt. Eine Stunde bei -4 °C muss kein Problem sein, jedoch können 10 Stunden bei -2 °C das Aus für die Frucht bedeuten.

Frostberegnung schützt die Blüte vor dem Erfrieren, birgt aber die Gefahr in sich, dass das Holz bricht (oben).

Im Herbst werden die Äste geschnitten und verbrannt (unten)

Es gibt verschiedene Möglichkeiten, den Baum vor Frost zu schützen. Der Stamm wird weiß gestrichen. Das Weiß reflektiert die Sonne und verzögert das Aufsteigen der Säfte um etwa drei bis fünf Tage. Eine südseitige Lage bringt den Baum zwar früher zur Blüte, was aber auch nicht vor Spätfrösten feit. Auch Beckenlagen, in denen sich Kaltluftseen bilden, sind für Marillenkulturen ungünstig.

In kritischen Nächten wird in den Marillengärten feuchtes Stroh oder Reisig verbrannt. Die starke Rauchentwicklung verringert die Abkühlung der bodennahen Luftschichten.

Ein Lichtermeer aus Paraffinkerzen ist auch eine erprobte Methode gegen Fröste. Allerdings braucht es drei Kerzen oder Fackeln pro Baum, und über einige Nächte praktiziert, ist diese Methode nicht nur arbeitsaufwändig, sondern auch teuer.

Bäume können „frostberegnet" werden. Das Wasser friert, die Äste sind mit Eis überzogen und schützen dadurch die Blüte vor dem Frost. Weil jedoch das Holz der Marille spröde ist und unter der Eislast leicht brechen kann, wird die Unterkronenberegnung als neue Spätfrostbekämpfungsmethode geprobt. Mit einer Beregnungsanlage entsteht unter den Kronen ein feiner Sprühnebel, dessen Verdunstungswärme die Temperatur im Mikrobereich um 2 °C ansteigen lässt.

In niederschlagsreichen Gebieten ist die Gefahr von Pilzbefall recht groß. Mit Monilia befallene Blüten werden rasch braun und trocknen ein (wird oft mit einem Frostschaden verwechselt), der Pilz dringt schnell in das tiefer liegende Holz und lässt dieses absterben. Besonders stark gefährdet sind die vielen kurzen Fruchtspieße, die meist intensiv blühen und dadurch einem starken Moniliadruck ausgesetzt sind. Die Obstbauern bezeichnen das als Spitzendürre.

Botrytis oder Monilia können im Stadium „noch in der Hose" die jungen Früchte zerstören bzw. kann sich an den sehr jungen Blättern der erste Infektionsdruck von Marillenblattbräune, bekannt auch unter Schrotschuss, entwickeln.

Am besten ist es, wenn es während der Blüte nicht nur warm, sondern auch trocken ist, das reduziert bzw. verhindert das Auftreten von Pilzerkrankungen.

Wenn es während der Blüte regnet, muss man gegen Pilzerkrankungen spritzen, wenn es trocken ist, kann auf den Einsatz von Chemikalien verzichtet werden. Es gibt Versuche der Obstbauschule Klosterneuburg, Dächer über Marillenkulturen zu spannen, um ohne Spritzmittel auszukommen. Diese Versuche allerdings rechnen sich in der Praxis nicht.

In vielen Anlagen ist ein Befall von Frostspannerraupen zu beobachten, wodurch ein starker

Lochfraß an den Blättern entsteht. Außerdem sind meist virusübertragende Blattsauger vorhanden. Die Blattlaus überträgt Sharka *(plum pox virus)*. Die Früchte der befallenen Bäume sind ungenießbar, die Symptome zeigen sich in ringförmigen Aufhellungen an Blatt und Frucht.

Grundsätzlich sollte der Baum immer mit einem totalen Blütenknospenüberschuss in die nächste Blüte gehen. Blütenüberschuss ist deshalb wichtig, da ein Teil der Blüten abfrieren, vertrocknen oder auch verfaulen kann. Wenn nach Warmwetterperioden im Winter und anschließenden Kälterückfällen Blütenknospen oder Blüten erfrieren, können mit 10 % bis 20 % verbleibenden Blüten noch immer zufriedenstellende Erträge erzielt werden. Treten keine starken Fröste auf, muss möglichst rasch nach der Blüte ein Großteil der Jungfrüchte mittels Schnitt entfernt und zwei bis vier Wochen später zusätzlich mit der Hand ausgedünnt werden. Grundsätzlich soll ein Marillenbaum jährlich um 10 % bis 20 % Ertrag unterfordert werden, als es rein für eine gute Fruchtqualität notwendig wäre. Das schont den Baum für die kommende Wachstumsperiode. Nur damit sind ein Blütenknospenüberschuss im kommenden Jahr und auf Dauer gesunde Bäume zu erreichen.

Frühling

Jede Jahreszeit verlangt andere Aufmerksamkeiten und Anforderungen. Der Frühling ist für das Gedeihen der Marille die sensibelste Zeit. Marillenbäume beginnen zu blühen, wenn die Tagesdurchschnittstemperatur auf über 7 °C steigt, was in der klimabegünstigten Wachau bereits Mitte März der Fall sein kann. Die Marillenblüte erfolgt, bevor die Blätter austreiben und bevor die Vegetation rundum ihr grünes Kleid anlegt. Das macht sie so einzigartig. Die Blüten

am Baum öffnen sich nicht gleichzeitig. Die Blüte beginnt bei den Kurztrieben und setzt sich zeitversetzt bei den Langtrieben fort. Das verringert bei Spätfrösten die Gefahr eines Totalausfalls der Ernte.

Die Marille ist autofertil, also selbstfruchtbar und braucht zur Befruchtung keine Insekten. Bei autofertilen Arten kann der Pollen auf der Narbe derselben Blüte bzw. auf einer Blüte derselben Sorte keimen. Die Insekten können die Befruchtung durch das Austragen des Pollens unterstützen. Wenn die Marillen blühen, sind die Hummeln schon aus ihrer Winterruhe erwacht, nicht aber die Bienenvölker, die erst bei 10–15 °C fliegen.

Ausdünnen

Wenn die Blüte heil überstanden ist und Schädlinge sowie Krankheiten nicht weiteren Schaden angerichtet haben, beginnt das „Ausdünnen". Früchte müssen abgenommen werden, damit erstens die Qualität der reifenden Früchte steigt und zweitens der Baum im nächsten Jahr nicht „alterniert" (das bedeutet, der Marillenbaum trägt nach einem starken Jahr im darauf folgenden deutlich weniger Früchte).

Bei jungen Bäumen ist das Abnehmen der unreifen Marillen einfach, da alle Zweige problemlos zu erreichen sind, und das Ausdünnen kann nach obstkundlichen Aspekten (optimaler Sonneneinfall, regelmäßiger Bewuchs) durchgeführt werden. Bei großen, alten Bäumen bleibt das reine Theorie, und die Bäume werden mit Stangen abgeklopft und nach Zufallsprinzip ausgedünnt.

Sommer

Der Boden der Obstkulturen kann mit Gras bewachsen sein oder offen gehalten werden. Während die Grasdecke dem Baum Nährstoffe entzieht, ist der Nachteil der offenen Bodenhaltung, dass die abfallenden Früchte schmutzig werden können. In der Wachau ist eine Grasbedeckung üblich. Diese muss kurz gehalten werden, besonders vor der Ernte.

Wenn die großen Bäume schwer an ihren Früchten tragen, werden die Bäume mit langen Stangen oder Dachlatten „aufgehiefelt"; d. h., die Äste werden mit

Stangen gestützt. Im Herbst sieht man bei einem Gang durch die Marillengärten diese Latten und Stangen säuberlich an die Stämme gelehnt.

Die Ernte im Juli ist die schönste und arbeitsintensivste Zeit. Sie dauert etwa 14 Tage. In der Region um Krems werden die Marillen um eine Woche früher reif als in Spitz a. d. Donau. Die Marille ist dann reif, wenn sie sich mit einer kleinen Drehung vom Ast nehmen lässt. Die optimale Reife verlangt, dass die Bäume täglich durchgepflückt werden. Die alten Marillensorten haben auf der sonnenabgewandten Seite einen „greanen Oarsch", wie es die Wachauer liebevoll ausdrücken. Genau das bedingt das Spiel mit der Säure und prägt das Aroma.

Für die großen Bäume braucht man für die Ernte Stehleitern oder den Frontlader des Traktors; einer fährt, der andere steht in der Frontladerschaufel und pflückt.

Wenn die Marillen am Boden liegen, sind sie vollreif und werden für Destillate verwendet. Liegen sie länger als einen Tag am Boden, müssen braune Flecken großzügig ausgeschnitten werden.

Bei der Ernte werden alle Hände gebraucht, denn gleichzeitig beginnt die Verarbeitung der Früchte. Es wird geerntet, verkauft, eingekocht, gemaischt und Fruchtmark produziert. Die Klosterneuburger und Ungarische Beste sind für den Obsthandel, da sie im reifen Zustand keine drei Tage lagerfähig sind, nicht geeignet.

Nach der Ernte wird der Baum geschnitten. Junge Marillenbäume werden so geschnitten, dass sie drei bis vier Leitäste entwickeln, die eine runde Krone bilden. Die Hohlkrone bietet einen guten Lichteinfall zum Reifen der Marille.

Zuletzt wird Stickstoff gedüngt, der auf die Blätter aufgetragen wird. Da die Anlage für die Blüten des kommenden Jahres schon im Sommer gebildet wird, ist es von Vorteil, die Bäume bereits im Sommer zu schneiden und zu düngen.

Herbst & Winter

Für einen Herbstschnitt der Äste spricht die die bessere Übersicht, nachdem das Laub abgefallen ist. Anschließend können die Stämme mit weißer Farbe gestrichen werden, um das Austreiben im Frühjahr zu verzögern. Dann beginnt die Zeit der Ruhe im Garten.

Die Pflanzung neuer Bäumchen wird mit der Winterveredelung eingeleitet. Um widerstandsfähige Bäume zu bekommen, wird die Methode des Winterveredelns oder Kopulierens angewandt. Die Veredelung ist eine künstliche, vegetative Vermehrung bei verholzenden Gewächsen, bei der zwei Gehölze durch das Einsetzten von Triebaugen (okulieren) oder das Zusammenbinden von Unterlage und Edelreisern (kopulieren) miteinander verbunden werden. Dabei werden die Eigenschaften einer widerstandsfähigen Unterlage (die z. B. gegen Krankheiten resistent und genügsam im Nährstoffbedarf ist) mit den Eigenschaften der gewünschten Marillensorte (in Bezug auf Geschmack, Aussehen und Ertrag) verbunden. Gemeinhin wird auf ähnlichen Unterlagen veredelt. Bei der Marille sind das Pfirsich oder Zwetschke, wobei der Zwetschke der Vorzug gegeben wird.

Bäume, die durch Kopulieren veredelt werden, können wesentlich älter werden. Als Edelreiser werden einjährige, gut ausgereifte Triebe während

Hofarnsdorf mit Marillenkultur im Winter.

der Vegetationsruhe genommen. Die Triebe, die beim Mutterbaum nach Süden zeigen, sind am besten dafür geeignet. Der beste Schnittzeitpunkt für die Edelreiser ist Dezember oder Jänner. Man schlägt die Reiser den Winter über in eine Grube mit feuchtem Sand ein und deckt sie halb mit Erde ab, damit sie nicht austrocknen. Die Edelreiser sollen drei Knospen haben; der obere Schnitt muss dicht über den Knospen sitzen, darf sie aber nicht verletzen. Im März beginnt dann das Kopulieren. Bei der einfachen Kopulation werden die schräg angeschnittenen Edelreiser auf die im gleichen Winkel angeschrägte Unterlage aufgesetzt und festgebunden. Die Kambiumschicht sorgt für das Zusammenwachsen. Beim Kopulieren werden die Schnitte von oben nach unten angesetzt, danach werden die Äste mit Bast festgebunden und mit Baumwachs bestrichen.

Bis zur ersten relevanten Ernte vergehen fünf bis sieben Jahre. Auf eine Kostprobe kann man sich schon nach ein oder zwei Jahren freuen.

Im Winter wird veredelt – auf einem Trägerbäumchen wird das Edelreis aufgepropft.

Gefühlslandschaft

Der Ausblick vom Schreiberberg nach Dürnstein (oben).
Das Restaurant Richard Löwenherz war Künstlertreff; Franz Gareis bemalte eine Tür in der Gaststube „Zur Erinnerung an den Sommer 1911" (rechts).

*Die Kulturlandschaft der Wachau, die Terrassen mit den Wein- und Obst-
gärten, die Höfe mit Arkaden und Blumentöpfen, die Fassaden mit ihren
Erkern und Fresken, die Dächer mit den mächtigen Rauchfängen, die
Donau und ihre Schiffer und die Felspartien im Hintergrund sind zu einer
Gefühlslandschaft verschmolzen. Auch die Marillen, die von 1900 bis 1950
das Bild von der Wachau vor allem zur Blüte prägten, trugen dazu bei.*

Die Wachau-Maler

Die ersten, die dieses Landschafts- und Lebensgefühl
entdeckten, waren die Wachaumaler. Sie schufen, so wie
die Heimatfilme später, das Wachaubild, das bis heute
wirkt.

Die „Besetzung" der Wachau durch die Maler begann
1888 mit einer Exkursion der Malerklasse der Wiener
Akademie unter Eduard Peithner von Lichtenfels
(1833–1913). Als Künstlerhauptquartier galt der Gasthof „Richard Löwenherz" in Dürnstein, der diese Vergangenheit bis heute liebevoll pflegt. Die pittoresken
Winkel von Weißenkirchen oder Dürnstein begeister-
ten Landschaftsmalerinnen und -maler wie Johann Ne-
pomuk Geller, Max Suppantschitsch, Eduard Zetsche,
Stefan Simony, Siegfried Stoitzner, Marie Egner und
Elsa Kasimir.

Die Motive, die als pittoresk gesehen wurden, waren
in Wirklichkeit ärmlich und rückständig. Dieses gefiel
dem Publikum in den Wiener Ausstellungen außeror-
dentlich und befriedigte den Hang zur Romantik und
die Vorstellung vom „unberührten Leben" in Zeiten der
anbrechenden Moderne. Denn mit der Eröffnung der
Westbahn 1858 verlor die Donau als Handelsweg an
Bedeutung, und in den Orten der Wachau wurde es
immer stiller.

Die Maler, von den Einheimischen respektvoll „Mal-
herren" genannt, betrachteten sich *„von der ersten Pfir-
sichblüthe* bis in die Tage der Novembernebel hinein
offenbar als die eigentlichen Herren von Dürnstein."*

* Dass Eduard
Zetsche die
Pfirsich- und
nicht die Ma-
rillenblüte er-
wähnt, liegt
daran, dass
das Anlegen
von Marillen-
gärten gerade
erst begonnen
hatte.

(Eduard Zetsche in: „Bilder aus der Ostmark", 1902). Zetsche schreibt weiter: *„Sie dürfen überall hin und kennen jedes Kind und jeden Stein. Eifersüchtig wachen sie über den Status quo des alten Nestes und sind unglücklich, wenn irgendwo ein schiefer Rauchfang wieder eingerenkt oder gar eine interessant verwetterte Wand neu übertüncht wird."*

Die Verzahnung zwischen mittelalterlicher Bausubstanz, Höfen und Gärten, anscheinend zufällig herumstehenden Arbeitsgeräten wie Butten und Körbe, gerahmt von Donau und Felspartien ergeben jene „Malerwinkel", die bis heute in der Wachau anzufinden sind.

Die Bilder der Wachau-Maler entstanden im Frühling und im Herbst, so wie auch die Hauptsaison der Wachau-Touristen der Frühling mit der Baumblüte und der Herbst mit der Weinlese geblieben sind.

Das war unter Eduard Zetsche noch anders: *„Auch die Wachau, und mit ihr die Natur um Dürnstein, ist am schönsten in jenen Jahreszeiten, in denen ‚man' nicht mehr oder noch*

Der Künstlerstammtisch im Restaurant Richard Löwenherz.

Rudolf Weber
(1872–1949): Frühling
in St. Michael, 1905.

nicht reist, im Spätherbst und im Vorfrühling. "Im Herbst warteten die Maler auf *„das Ver-schwinden der ‚bösen' Farbe, des harten Grüns. Leichter wird es der zweiten fast grün-freien Zeit des Jahres, den Tagen der Baumblüthe, alle Stimmen für sich zu gewinnen. Aus den Weingärten schimmert nur das Rosenroth der Pfirsichblüthen*, aus den Obsthainen der schneeige Glanz der blühenden Kirschen-, Aepfel- und Birnbäume gegen das Goldbraun und Grau der Mauern und Thürme – der Donaustrom zieht durch ein Blüthenmeer."*

In der Zeit um 1900 wird das Festhalten an dem Althergebrachten vor allem von außen in die Wachau hineingetragen. Die Gründung des „Spezialkomitees zur Ein-führung der Altwachauer Tracht" 1905 wird z. B. durch den deutschen Maler Wilhelm Gause unterstützt. Auch Goldhaubenvereine und die Sonnwend- oder Johannisfeuer habe in dieser Zeit ihren Ursprung. Die Identifikation mit den Bräuchen wird von der Bevölkerung rasch aufgenommen, und die Wachauklischees haben ihren Ursprung in dieser Zeit: Tracht und Goldhaube, Sonnwendfeuer, Marille und Wein.

Als frühes Heimatschutzprojekt muss die Donauuferbahn erwähnt werden. Sie war vorerst entlang der Donau geplant, was die Aufschüttung eines Dammes nach sich gezogen und die Anbindung der Ortschaften an die Donau zerschnitten hätte. Dieses Projekt wurde durch den k. u. k. Landeskonservator Rudolf Pichler erfolgreich verhindert, und ihm ist zu verdanken, dass sich die Bahnstrecke, die 1909 eröffnet wurde, versteckt und malerisch durch Fels- und Weinlandschaften schlängelt.

Emil Strecker (1841–1924):
Kinder im Grünen, um 1900.

Die Wachau-Filme

Nach dem Zweiten Weltkrieg waren die bewegten Bilder das Medium, das Botschaften transportierte. Der Heimatfilm war in den 1950er Jahren das Zugpferd der Filmwirtschaft. Die schöne österreichische Landschaft sollte in all ihrer Unschuld gezeigt werden. Das Grau im Nachkriegs-Wien und die Trümmer sollten vergessen und natürlich auch die nationalsozialistische Vergangenheit verleugnet und der Krieg verdrängt werden. Neben der Berglandschaft der Alpen und den Seenlandschaften des Salzkammergutes präsentiert sich das Tal der Wachau als idealtypische Gefühlslandschaft.

Der Heimatfilm benötigte kaum Atelierszenen, und die spektakulären Landschaftsaufnahmen waren billig. Dies war ein Gebiet, auf dem die Amerikaner nicht konkurrieren konnten. Willi Forst war der einzige, der den Horizont erweitern wollte und vorschlug, in englischen Versionen mit österreichischen und internationalen Stars zu filmen, aber er fand kein Gehör. So wurden die nostalgischen Habsburg-Filme und eben auch die Heimatfilme für die Neuidentifikation mit der Heimat und für den deutschen Markt gedreht.

Willi Forsts Produktionsfirma erzielte mit „Der Hofrat Geiger" (1947) einen großartigen Erfolg. Ein Film, der mit einem Fuß noch in der Tradition der Wien-Film GmbH steht, nämlich mit dem Duo Hans Moser und Paul Hörbiger, und mit dem anderen einen – wenn auch zaghaften – Schritt in die neue Zeit macht: Auf humorvolle Weise erfahren wir die Tücken des Schleichhandels, und schließlich treffen sich alle in der Wachau, damals noch ein Traumziel, das für den Wiener Normalbürger kaum erreichbar war. Das „Mariandl"-Lied, gesungen von der Mariandl-Darstellerin Waltraud Haas, wurde zum Markenzeichen der Wachau und prägte das romantische und touristische Image der Region.

Die große Entdeckung dieser Zeit ist wieder einmal die Operette, die nun mit Naturaufnahmen verbunden wird. Waltraut Haas, Marianne Schönauer und Rolf Wanka sandten den Zusehern „Gruß und Kuss aus der Wachau". Handlung und Dialog waren eher nebensächlich.

Ab Mitte der 1950er Jahre kann die Landschaft in Farbe in Szene gesetzt werden. Die eigentliche Heimatfilm-Ära setzte 1954/55 nach dem Zufallserfolg von „Der Förster vom Silberwald" ein und brachte mit „Vier Mädel aus der Wachau", „Die Winzerin von Langenlois" und „Die Lindenwirtin vom Donaustrand" weitere Wachau-Filme hervor. Von 1954–1957 wurden nicht weniger als acht Großproduktionen in der Wachau gedreht.

Waltraut Haas und Cornelia Froboess in „Mariandl", 1961.

Durch die Betonung der österreichischen Sprachfärbung hatte man in den fünfziger Jahren noch ein Identitätsgefühl schaffen wollen, was aber im Nachbarland Deutschland zu groben Verständigungsschwierigkeiten führte. Denn die Filme dienten gleichzeitig auch in Deutschland, wo die meisten Zuschauer saßen, als Werbemaßnahmen für den österreichischen Tourismus, den „Fremden-Verkehr", wie man ihn damals noch nannte, dessen Förderung als geheiligtes nationales Anliegen galt.

Als Schlusspunkt der Wachau-Filme kann das Remake vom Hofrat Geiger – „Mariandl" (1961) – gesehen werden. Das Wachauer Mädel (mit Berliner Schnauze!) war nun Conny Froboess, und Waltraud Haas, die 14 Jahre zuvor als Mariandl im „Hofrat Geiger" vor der Kamera stand, spielte die Mutter.

Erinnerungen an früher

Das war eine Blütezeit!

„Die Glücks, das war eine gute Firma, da brauchen S' nix glauben", versichert Hermine Glück. Sie und ihr Mann sitzen in der Küche in ihrem Haus in Spitz a. d. Donau. Jetzt sind beide alt, und der Mann ist pflegebedürftig. Der Handel ist schon seit vielen Jahren eingestellt, die Erinnerungen daran aber immer präsent. Das Magazin nebenan steht leer, eine große Waage, Preislisten, allerhand Kisten und Körbe sind übrig geblieben. „Franz Glück, Obst- und Gemüsehandel" belieferte von Wien bis Vorarlberg Obsthändler und Großkunden mit Wachauer Marillen, natürlich auch mit anderem Obst und Gemüse.

Mit der Butte am Rücken wurden die Marillen aus den Terrassengärten oberhalb von Spitz hinuntergetragen. *„Wir sind beim Kriegerdenkmal gestanden, da war die Sammelstelle, und haben mit der Dezimalwaage die Ware gewogen – und gleich ausbezahlt."* 1951 hat die gebürtige Spitzerin ihren Mann Franz geheiratet und zusammen mit ihren Schwiegereltern im Betrieb gearbeitet. Außerdem halfen während der Erntezeit sieben bis zehn Weinhauerburschen mit. *„Damals ist ja was 'gangen – bis zu 4000 kg Marillen haben wir täglich eingewogen und verkauft!"* Frau Glück gerät ins Schwärmen, wenn sie an die 1950er Jahre zurückdenkt, als ihnen die Marillen noch aus der Hand gerissen wurden. *„Das war die Blütezeit. Die ganze Nacht haben wir sortiert, die Marillen in Steigen gelegt und ,einpapierlt'."* In der Früh kamen die Händler oder das Obst wurde per Bahn transportiert.

„Wir haben immer darauf geachtet, frühe, mittlere und späte Sorten zu bekommen, damit die Marillensaison möglichst lange ist." Und was die Händler nicht abge-

Lina Schmelz, Winzerin und Dichterin.

nommen haben, kam zur Marillenbranderzeugung Bailoni nach Stein und in die Klett-Konservenfabrik nach Krems.

Franz Glück, Jahrgang 1920, ist als Bub noch mit seinem Vater auf dem Floß die Donau abwärts gefahren, um das Obst in Wien zu verkaufen. Bei der Nussdorfer Wehr an den Toren Wiens zweigte der Donaukanal ab. Hier musste das Floß geschickt gelenkt werden. *„Eine kritische Stelle"*, erinnert sich Franz Glück. Die Löwen, die die vom Architekten Otto Wagner geplante Wehranlage bewachen, haben den Wachauer Buben immer mächtig beeindruckt. Im Nussdorfer Wirtshaus „Zum König von Bayern" wurde Station gemacht und danach das Obst an der Lände beim Schwedenplatz verkauft. Die Greißler kamen mit den Rucksäcken und haben dem Wachauer Händler die Ware abgekauft.

Das Floß wurde anschließend den Holzhändlern verkauft, die das Holz als Brennmaterial nach Budapest weiterverkauften. Und die Glücks fuhren mit der Eisenbahn nach Hause.

Mit großen Zillen, die „Mutzen" genannt werden, wurde noch bis knapp nach dem Krieg gefahren, um Waren auf die Märkt zu transportieren.

„Wir hatten damals keinen Wagen", erzählt Hermine Glück, *„und um Obst einzukaufen, fuhr mein Mann mit dem Motorrad zu den Bauern. Ich bin mit einem Fuhrwerker hinterher, und dann haben wir die Ware verladen."* Waschtröge voller Pilze und Zwetschken kamen von den Waldviertler Lieferanten hinzu.

In den frühen 1950er Jahren gab es die Wachaustraße B3 noch nicht, die Frau Glück abfällig „Bettelstraße" nennt. Denn auf dieser standen während der Ernte die Marillengartenbesitzer und verkauften ihr Obst. *„Und wenn sie ihre*

Ware nicht angebracht haben, dann sind sie am Abend zu uns gekommen. Und i war dann die Böse, weil i die schlechten Früchte, die Ang'stochenen, ausgeklaubt hab'. Ja, die Supermärkte und die Straße haben uns das G'nack gebrochen."

Hermine Glück holt ihr Adressbuch hervor. *„Da steht sie, unsere Kundschaft, aus Lustenau in Vorarlberg, aus Linz und Graz, aus Baden-Baden sogar. Wir waren keine Weltfirma, aber gut waren wir schon."*

Körberlgeld

Winzer in der Wachau zu sein hatte ursprünglich ein anderes Image, als jenes vom Edelwinzer, welches heute transportiert und vermarktet wird.

Winzer in der Wachau zu sein war ein harter Beruf. Die schmalen Terrassengärten erforderten viel körperlichen Einsatz. Der überwiegende Teil der Hanglagen war nicht an Güterwege angeschlossen. Kein Traktor und kein Motorpflug konnten (und bei manchen Lagen ist es bis heute noch so) eingesetzt werden, sowohl der Dünger als auch die Traubenernte mussten mit der Butte am Rücken auf den Berg hinaufgeschafft bzw. ins Tal getragen werden.

Und es war erst recht Knochenarbeit, Winzerin zu sein! Nicht umsonst heißt der alte Weingartenpflug (er wird gerne noch als bäuerliches Relikt an Hofmauern oder auf Weingartenhütten aufgehängt) „Weiberschinder". Ihm wurde nämlich nicht Ochse oder Pferd vorgespannt, sondern die eigene Frau. Der Mann ging hinterher und lenkte den Pflug.

Lina Schmelz, Weinbäuerin aus Dürnstein, hat ihre Erinnerungen in einem kleinen Büchlein niedergeschrieben.

„Mein Leben in der Wachau" beschreibt die Weingartenarbeit in den Nachkriegsjahren und zur Zeit des Wirtschaftswunders. Als Bäuerin musste man zusehen, sich ein „Körberlgeld" dazuzuverdienen. Lina Schmelz:

„Auf einem Grundstück, auf halbem Weg zwischen Dürnstein und Weißenkirchen unterhalb des Weinberges gelegen, pflanzten wir Pfirsichbäume und zwischen den Baumreihen Erdbeeren, was auch schon bald im Sommer ein wenig Geld einbrachte. Die Erdbeeren konnte ich in den Gasthäusern verkaufen. Ich erinnere mich noch, wie Herr Thiery zu mir sagte: ,Frau Schmelz, das Geld bekommen Sie erst zum Schluss, damit Sie dann mehr beisammen haben,' womit er auch recht hatte. Willi (der Sohn, Anm. d.A.) war damals ungefähr zehn Jahre alt und verkaufte brav und ausdauernd am offenen, ebenerdigen Fenster die Pfirsiche. Die Leute haben sie dem kleinen Buben auch gerne abgekauft. Dieses Fenster ist auch heute noch unser Verkaufsfenster."

Das „Körberlgeld" der Frauen trug dazu bei, Renovierungen im Haus durchführen und in späterer Folge Fremdenzimmer einrichten zu können. Bei der Arbeit in den Gärten der Ebene konnten die Frauen die Kinder mitnehmen. Die

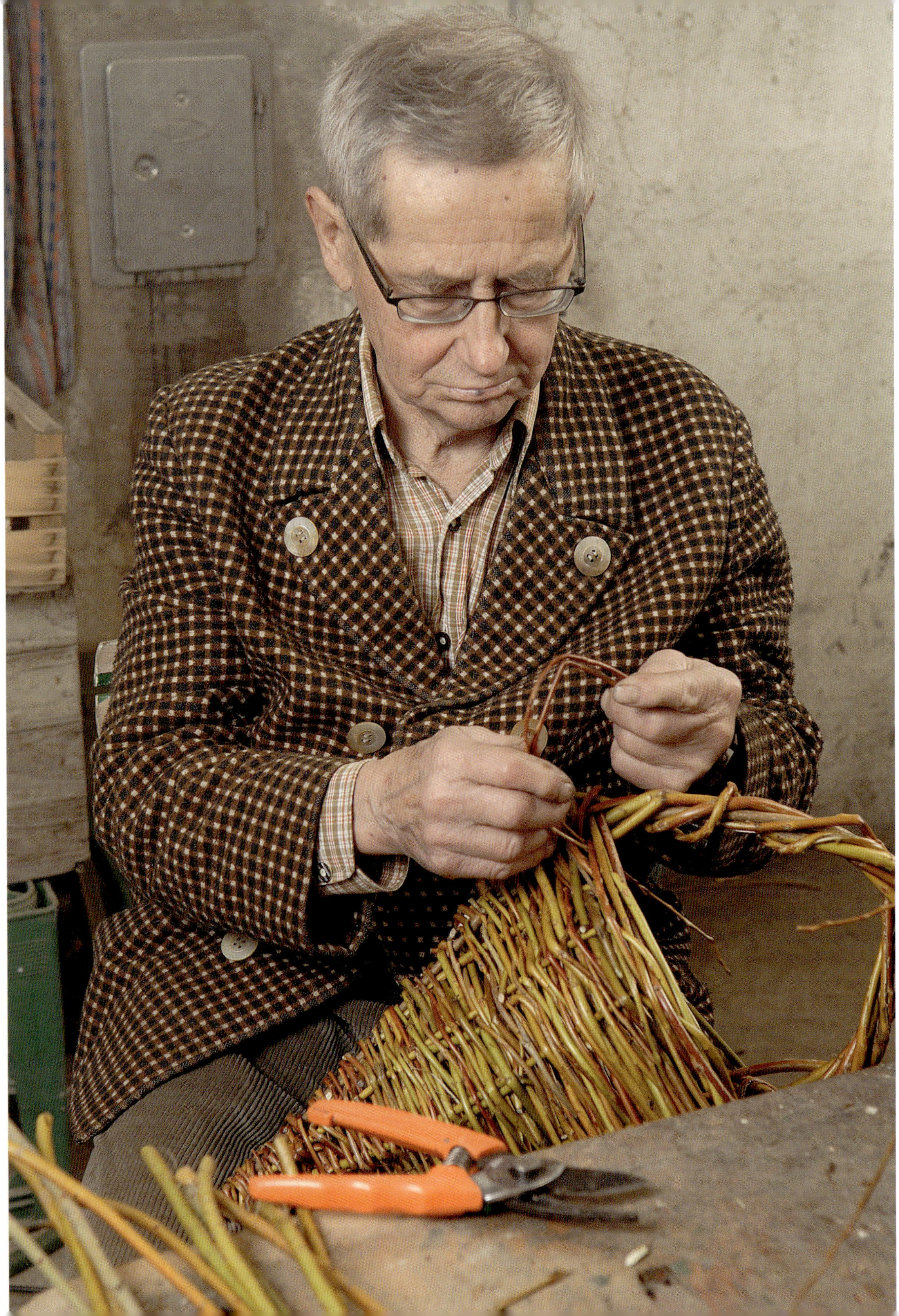

Gottfried Hinterholzer beim Flechten einer „Zistl".

Terrassengrundstücke waren dafür zu gefährlich. Die Kinder hätten die drei bis vier Meter hohen Mauern hinunterstürzen können. Auch die Hitze im Donautal setzte den Frauen zu. So beschreibt Lina Schmelz, dass sie während der Mittagshitze zurück ins Haus ging und nach dem Essen die Bügelarbeit erledigte. Erst mit dem Abklingen der Hitze zwischen drei und vier Uhr nachmittags kehrte sie in die Wein- und Obstgärten zurück.

Die Familie Schmelz in Dürnstein pflanzte nicht nur Erdbeeren und Pfirsiche, sondern auch Marillen aus. Die Winzerin schreibt: *„Auf einem anderen Grundstück, Richtung Loiben gelegen, haben wir dann später auch Marillenbäume gepflanzt. Dort haben wir zwischen den Baumreihen Bohnen angelegt, die für die Konservenfabrik bestimmt waren. Beim Bohnenernten haben auch viele junge Leute mitgeholfen. Aber nach drei Jahren haben wir die Marillenbäume wieder ausgegraben, weil wir damals für 1 kg Marille nur 1 Schilling bekamen. Nachher haben wir auf diesem Grundstück Weinstöcke angepflanzt."*

Die hohe Zeit der Marille war in den 1960er Jahren schon vorbei.

Altes Handwerk

Oberloiben Nr. 1 ist ein Gehöft, an dem nichts „aufgemascherlt" ist. Zur Donauseite steht der alte Hof, und dahinter liegt das Wohnhaus aus den 1960er Jahren – alles sehr authentisch, ohne Seitenblicke auf den Tourismus. In der Hofeinfahrt schaukeln Körbe in der ersten Frühlingsluft. Hier sind Gottfried Hinterholzer, 78 Jahre, und seine Frau zu Hause. Gottfried Hinterholzer flicht Körbe. Sie sind schmal und laufen unten spitz zusammen. In der Wachau werden sie Zistln genannt. Sie werden zur Marillenernte verwendet. Die Zistl wird mit einem Haken an einen Ast gehängt, und wenn der Korb voll ist, lässt man ihn an einer Schnur hinunter. Ursprünglich wurden diese Körbe entwickelt, um andere druckempfindliche Lebensmittel zu transportieren. Für die Marillenernte eignet sie sich nach wie vor bestens. Durch den spitz zulaufenden Boden verhängt sich die Zistl nicht im Geäst des Obstbaumes, und die Marillen gelangen gefahrlos und ohne aus dem Korb zu purzeln unten an, wo sie in Kisten geschlichtet werden. Durch den konischen Verlauf der Zistl verlagert sich der Druck in Richtung Korbwände, und auf den Marillen ganz unten liegt kein Gewicht. Dadurch wird das wert-

volle und druckempfindliche Obst geschont. Im Gegensatz zur Zistl wird ein Korb mit einem breiten Boden in der Wachau „Zaindl" genannt.

Das Zistlflechten hat Herr Hinterholzer noch in der Kremser Weinbauschule gelernt – seinerzeit. Jetzt bringt er seinem „Lehrling" das Flechten bei, einem gelernten Tischler aus Loiben. Mit den Aufträgen kommt Herr Hinterholzer gar nicht recht nach. Denn auch als dekoratives Objekt und als Souvenir aus der Wachau sind Zistln beliebt.

Seine Werkstatt hat er im Keller neben dem Heizraum. Hier ist es im Winter schön warm. Er braucht nicht viel: einen Tisch, wo die Weidenruten liegen, und eine Gartenschere zum Schneiden. Die Weidenruten stecken in einem Kübel. Feucht müssen sie's haben, damit sie weich und biegsam bleiben. Im November und Dezember schneidet er die Ruten von den Kopfweiden am Mauternbach auf der anderen Seite der Donau. Auch Silberweide und Haselstrauch verwendet er.

„Die großen Marillenkulturen haben vor 100 Jahren in der Wachau begonnen", erklärt der alte Mann, während er seine Zistl zwischen den Beinen eingeklemmt hat. „Die Gärtnerei Pirker in Krems hat damit im großen Stil begonnen."

Die Familie Hinterholzer kultivierte in Mautern ihre Marillengärten. „Wir haben eine ganz frühe Sorte gehabt, und die Marillen sind schon im Juni auf den Markt gekommen. Das waren 1000 kg, die wir damals um sechs Schilling verkauft haben. Eine Sorte hieß sogar Hinterholzer", erzählt Herr Hinterholzer nicht ohne Stolz.

Die Zistl in den Händen des Gottfried Hinterholzer wächst schnell. *„Wichtig ist, dass die Steher dicker sind als die Ruten, die ich dazwischen einflechte."* Immer wieder biegt er diese Steher nach außen, damit die Zistl ihre konische Form erhält.

Woher das Wort Zistl kommt, kann er nicht sagen. *„Überhaupt gibt's so viele unterschiedliche Ausdrücke in der Wachau. Hier bei uns heißt es ,Wasserstuben', und zwei Dörfer oberhalb nennt man sie ,Pitzn'."* Die Wasserstuben oder Pitzn sind in die Erde gegrabene und teilweise gemauerte Löcher, in denen sich das Wasser sammelt, welches bei starkem Regen über die Terrassenlandschaft der Wachau zu Tal schießt. Nicht nur das Wasser war kostbar (heute gibt es in den Weingärten Bewässerungsanlagen), sondern vor allem die Erde, die von den oberen Terrassen hinuntergespült und mit der „Buckelkrax'n" wieder hinaufgetragen wurde. *„Ohne Buckelkrax'n is ma früher nicht auf'n Berg g'angen."* Immer gab es etwas zu tragen. Hinauf die kostbare Erde oder Steine zum Reparieren der Trockenmauern, hinunter das geschnittne Gras zum Füttern oder die Laubeinstreu für das Vieh im Stall. Und dafür benutzte man die „Buckelkrax'n", einen geflochtenen Tragekorb, der ebenso wie Waschkörbe und die Zistln in den Wintermonaten hergestellt wurde.

Die Zistl, an der Gottfried Hinterholzer arbeitet, ist beinahe fertig. Für den oberen Abschluss flicht er die herausragenden, vertikalen Steher in den Rand ein. Die Zistl spielt alle Farben; rot, grün und gelb sind die Weidenruten. Jetzt fehlt nur mehr der Henkel. Dafür dreht der Korbflechter jede einzelne Rute ein, um ihr Spannung zu verleihen, bevor er sie verarbeitet. Das verstärkt die Struktur der Weidenäste.

Ein weiteres Arbeitsgerät mit besonderer Form findet sich nur mehr in der Wachau. Es ist die ebenfalls spitz zulaufende Ernteleiter. Während eine übliche Leiter zwei parallele Holme besitzt, verjüngen sich bei der Spitzleiter die Holme und werden wie ein Bug zusammengepresst und zusammengebunden. Das erleichtert das „Einfädeln" in das dichte Geäst des Baumes. Für eine Hausmauer wäre so eine Leiter unbrauchbar, da die Spitze der Leiter auf der vertikalen Fläche keinen Halt finden kann, in den Ästen findet man aber immer einen sicheren Anlegepunkt.

Das Biegen des Holzes bei der Herstellung solcher Spitzleitern erfordert eine gute Handwerkskenntnis. Wegen des inselartigen Vorkommens dieses Leitertyps in der Wachau nehmen die Volkskundeforscher an, dass diese eigenartige Technik über die Nauführer – die stromabwärts fahrenden Flößer – in die Marillengärten gekommen ist. Heute ist die Herstellung von Spitzleitern ein aussterbendes Gewerbe. Manche Bauern sind aber von den Vorteilen dieser Leiter so überzeugt, dass sie selbst moderne Aluleitern zu Spitzleitern umbauen.

Küche
& Keller

Rund & g'sund

Neben dem unvergleichlichen Geschmack enthält die Marille als angeneh-
men Nebeneffekt eine Vielzahl an wichtigen Inhaltstoffen mit einem hohen
gesundheitlichen Wert für den menschlichen Körper. Von allen Obstarten ist
in der Marille am meisten Provitamin A (Carotin) enthalten; auch hohe
Werte an Vitamin B1, B2, C und Mineralstoffen sind erwähnenswert. Die
Marille hat einen hohen Zucker- und Säuregehalt. Gerade das Zusam-
menspiel von hohen Zucker- und Säurewerten bedingt zusätzlich die ein-
zigartigen aromatischen Eigenschaften.

Seelenspeise

In einem Glas Marillenmarmelade steckt der ganze Sommer und die Erinnerung an die Oma am Land und an die Kindheit, in der man zum Frühstück fünf Marmeladebrote zum Frühstück verputzte – mindestens. Solche Erinnerungen sind ausschließlich in hausgemachter Marillenmarmelade zu schmecken. Sie sind Vitamine für die Seele. In der Wachau gehört es zum guten Ton, Marillenmarmelade zu machen. Gastwirte, Nobelhoteliers und Starwinzer, Hausfrauen und Obstbauern verkaufen selbst gemachte Marillenmarmelade. Zur Erntezeit stehen bei Elfi Deuretzbacher aus Furth bei Göttweig sechs Töpfe gleichzeitig am Herd, die Küche ist voller Helfer. Es wird gewogen und gewaschen, entkernt, geviertel, gerührt, abgeschöpft und eingemacht.

Doch es bleibt nicht bei Marille pur. Frau Elfis Variationen beginnen mit Ribiseln oder Himbeeren, sind mit Mandelsplittern, mit Mohn und Rum oder gar mit Pfeffer verfeinert. Wobei die Marillenmarmelade mit grünem Pfeffer vorzüglich zu Käse und Wild passt. Die „Marillade" ist eine Marmeladekreation aus Marille und dunkler Schokolade.

Die Familie Deuretzbacher verarbeitet neben den Marillen aus dem eigenen Garten alle Arten von Beeren, aber auch Kriecherl, Holler, Schlehen und Hagebutten aus Wald und Flur.

Die Marillenmarmelade beschäftigte nicht nur Marmeladeköchinnen, sondern auch Beamte und Politiker. Es ging um die Bezeichnung „Marmelade" bzw. „Konfitüre". Der Streit sorgte für Schlagzeilen in den Tageszeitungen. Die Aufregungen um die Marmelade wurde (siehe Faksimile) sogar zu einem „Marmeladekrieg", als 2003 der Dürnsteiner Hotelier Johann Thiery eine Anzeige wegen falscher Bezeichnung seiner „Marmeladen" erhielt und damit an die Öffentlichkeit ging. Mit patriotischer Anstrengung wurde in Brüssel interveniert, bis das EU-Recht endlich geändert wurde. Jetzt sind regionale Ausnahmen zulässig.

Seit 2001 aber müssen die selbst erzeugten Marmeladen „Fruchtaufstrich" genannt werden. Fruchtaufstrich ist ein „Brotaufstrich aus Zucker und eingekochten Früchten", der nicht in eine EG-Richtlinie über „Konfitüren, Gelees, Marmeladen für die menschliche Ernährung" fällt. Gründe dafür sind zum Beispiel ein zu niedriger

Inhaltsstoffe je 100 g Fruchtfleisch

Energie:	205 kJ
Wasser:	78–93 mg
Gesamtzucker:	3–16 mg
Protein:	0,8 mg
Fruchtsäuren:	0,3–2,6 mg
Fett:	0,1–0,2 mg
Kohlenhydrate:	9–11 mg

Vitamine je 100 g Fruchtfleisch

Vitamin A:	200 mg
Vitamin B1:	0,04 mg
Vitamin B2:	0,05 mg
Niacin:	0,7 mg
Vitamin C:	2,5–10 mg

Mineralstoffe je 100 g Fruchtfleisch

Natrium:	2 mg
Kalium:	250 mg
Kalzium:	15 mg
Phosphor:	20 mg
Eisen:	0,6 mg

Landeshauptmann Pröll macht sich stark:

Marmelade-Diktat der EU muss weg!

BERICHT SEITEN 8/9

Montag, 20. Oktober 2003 / Nr.15.608, € 0,80

Niederösterreich

Kronen Zeitung

UNABHÄNGIG

www.krone.at

Wien 19, Muthgasse 2, ☎ 01/36 011-0
ABONNENTEN-SERVICE ☎ 01/52130-2

Marmelade, Konfitüre,
Fruchtaufstrich?
Der „Marmeladekrieg"
in den Medien.

Weil er „Marillen-Marmelade" verkauft hatte, droht Restaurantbesitzer Thiery eine Gelds...

Montag, 20. Oktober 2003

...ÖSTERREICH

...ite 8

EU-Bann: Wachauer Marillen-Spezialität muss Konfitüre he...

Niederösterreichs Landeshauptmann Pröll macht sich für die Marillen-Spezialität aus

Weg mit dem Marmelade-Diktat

Gastronom soll Strafe zahle... weil er „Marmelade" verkauf...

Der von EU-Bürokraten über Österreich verhängte „Marmelade-Bann" muss weg! Das fordert jetzt Niederösterreichs Landeshauptmann Erwin Pröll. Wie berichtet, darf nach dem neuesten

Diktat aus Brüssel die Wachauer Marmelade – sonst droht Strafe – nur noch als Konfitüre verkauft werden. Dagegen tritt Pröll jetzt entschlossen auf: „Hände weg von unseren heimischen Spezialitäten!"

„Da hat uns Brüssel schön eingekocht", wettert ein Wachauer Winzer, dessen Frau für ihre besonders köstliche Bio-Marmelade berühmt ist. Sie ist nur eine von Tausenden Landwirtinnen, die ihr Selbstgemachtes – so fein es auch sein mag – nicht mehr als Marmelade verkaufen darf. Wegen des absurden Dikta...

VON MARK PERRY

Richtiger Riecher

Niederösterreichs Landeshauptmann Erwin Pröll hat wieder einmal den richtigen Riecher und macht sich gegen das völlig unsinnige Marmelade-Diktat der EU stark. Man muss ja nicht gleich auf den Kriegspfad gegen Brüssel zeihen. Aber ein bisserl kämpferischer könnte die Regierung dort schon auftreten. Doch vielleicht ist ihr das Marmelade-Thema in der hohen Politik einfach Powidl, weil nicht hochgestochen genug! Dabei geht es hier doch um Grundsätzliches. Österreichs Waren sind letztlich auch Werte, die nicht im europäischen Einheitsbrei untergehen dürfen.
CLAUS PÁNDI

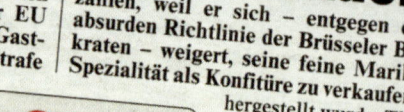

Kampf gegen Marmelade-Diktat: Bauernmanifest-Unterstützer Pröll

das die heimischen Produzenten – wie berichtet, Strafandrohung zur ...schrift Konfitüre verpflichtet, schüttelt seit Ta... ganz Österreich den Kopf.

Doch im „Marillen-Krieg" gegen Brüssel marschiert jetzt Niederösterreichs Landeshauptmann Erwin Pröll voran: „D... Herrschaften dort sind die Oberbürokraten des Kontinents. Sie sollten sich um die wahren Probleme Europas kümmern und die Finger von den regionalspezifischen Produkten unseres Landes lassen. Ich jedenfalls will weiterhin Wachauer Marillen-Marmelade in den Regalen vorfinden und auch gern kaufen und auch gern können!"

Das gegen den bek... Gastronomen Joh...

lokales@kronenz...

Jetzt trifft der über Österreich verhängte „Marmelade-Bann" der EU auch die Wachau! Ein bekannter Gastronom aus Dürnstein (NÖ) soll Strafe

Auf einem kleinen Tisch in der Empfangshalle seines Schlosshotels bietet Johann Thiery seine „Original Wachauer Marillenmarmelade"

VON MARK PERRY

an. „Ein paar Gläser, die ich mit nicht wenig Liebe selbst gemacht habe" sagt der Restaurantbesitzer aus Dürnstein.

Das hat nie jemanden gestört, doch dann streifte das Auge eines Lebensmittelinspektors die kulinarischen Köstlichkeiten. Prompt kam eine Anzeige samt „Tatbeschreibung": Als Marmelade dürfe nur bezeichnet werden, was aus Zitrusfrüchten, also Orangen und Zitronen,

zahlen, weil er sich – entgegen e... absurden Richtlinie der Brüsseler B... kraten – weigert, seine feine Maril... Spezialität als Konfitüre zu verkaufen...

hergestellt wurde. Th... habe ein falsch bezeichnetes Lebensmittel geboten. Strafandrohu... wegen des Verstoßes gegen den „Marmela... Bann" der EU: 150 Eu... oder 24 Stunden Ersatzfreiheitsstrafe! Der Gastronom hat berufen.

Dieses drakonische Urteil könnte, wie berichtet, auch jede Biobäuerin in Österreich treffen, di... – oft nach Omas Rezept... Marmelade eingekoch... und sie als solche verkauft. Genau das verbietet die absurde Richtlinie aus Brüssel: Selbst die feinsten Köstlichkeiten dürfen nur noch als „Konfitüre" in die Regale kommen.

Weshalb kümmert sich eigentlich nicht der zuständige Agrarkommissar Fischler darum? Er sollte sich schon einsetzen, wenn die österreichische Bauern ihre Marmelade jetzt Mus oder Konfitüre nennen müssen! Da kämpft die österreichische Regierung um einen eigenen Kommissar in Brüssel. Aber wofür kämpft eigentlich der österreichische Kommissar? Warum setzt sich Fischler nicht ein für österreichische Anliegen?

Dr. Helmut Zilk
zum Marmelade-Bann der EU

78

Frucht- oder Zuckergehalt, wodurch die Definitionen der Marmelade-Verordnung nicht eingehalten werden.

Für den österreichischen Sprachgebrauch ist das aber alles Powidl: Marmelade auf der Semmel bleibt Marmelade auf der Semmel und wird nicht zu „Fruchtaufstrich auf einem Brötchen."

Genaues Lesen der Etiketten zahlt sich aus. Denn nicht alle Produkte aus der Wachau bestehen auch aus Früchten aus der Wachau. So wie bei einer Marmelade, die in einem Diskont-Supermarkt verkauft wird. Auf der Etikette ist zu lesen:

„Marillen-Fruchtaufstrich aus Wösendorf in der Wachau." Auf der Rückseite steht:

„Die Wachau ist berühmt für ihre köstlichen Marillen. Dieser delikate Marillen-Fruchtaufstrich wird von einem traditionellen Familienunternehmen aus den besten Marillensorten Niederösterreichs hergestellt: voll aromatisch mit ca. 2/3 Fruchtanteil – ein Muss für jedes Frühstück."

Marmeladeköchin
Elfi Deuretzbacher
aus Furth.

Edelschluck

Wo gebrannt wird, herrscht helle Aufregung. Alles versammelt sich in der Garage, der ehemaligen Waschküche oder im Keller, wo der Destillationsapparat steht und der Kessel beheizt wird. Nachbarn stellen sich ein. Langsam wird es draußen dunkel und kühl und drinnen dunstig und warm. Der Vorlauf benebelt den Raum. Die Männer warten auf das erste Ergebnis, die Frauen liefern Schmalzbrote dazu. Die Obstbauern, die Marillenbrand herstellen, steuern auch eine große Portion Professionalität und ein Quantum Philosophie bei.

Dabei philosophiert man über folgende Themen: Manche schwören darauf, den Kessel mit Marillenbaumholz und Marillenkernen zu befeuern. Auch die verschiedenen Destillationsmöglichkeiten (siehe weiter unten) haben Anhänger und Gegner.

Einhellig ist man der Ansicht, dass Erdbeeren, Pfirsiche und Marillen jene Früchte sind, die am schwierigsten zu brennen sind. Ihr Aroma hat die Tendenz, sich leicht zu verflüchtigen. *„Wer das zarte Aroma der Marille einfangen will, muss es schon am Baum schützen"*, meint Harald Aufreiter aus Angern. Man muss die Marille zum richtigen Zeitpunkt ernten: wenn sie vollreif ist. Da liegt sie aber schon oft auf der Wiese, und angeschlagene Stellen müssen großzügig ausgeschnitten werden. Überhaupt ist das saubere Arbeiten beim Brennen das Um und Auf. Auch die Kübel und Botti-che sollten peinlichst rein sein, sonst hilft das ganze Ausschneiden der schlech-ten Stellen nichts, wenn auf diesem Weg Schimmelpilze in die Maische kommen. In schlechter Ware konzentriert sich im Destillat die Essigsäure. Die Marille ist die einzige Frucht, die für das Ansetzen der Maische entkernt wird. Das bewahrt die Aromen. Die Maische muss möglichst lang reifen, und das ist bei den Temperaturen im Hochsommer gar nicht so einfach, da die Wärme die Gärung beschleunigt. Die Marille kommt an heißen Tagen mit 30 °C vom Baum. Die Maischebottiche stehen im Keller, weil die Temperatur zum Reifen unter 18 ° C betragen soll. Dann wird der Bottich mit einem Gärspund ver-schlossen. Der Gärspund lässt die Gärgase entweichen, verhindert aber das Ein-treten von Bakterien.

Früher hat man im Herbst, wenn die Arbeit draußen abgeschlossen war, mit dem Brennen begonnen. Um einen guten Marillenbrand zu bekommen, muss nach der Gärung, die mindestens eine Woche dauern soll, sofort mit dem Bren-nen begonnen werden.

Es gibt zwei Destillierapparaturen. Beim Gleichstromverfahren wird zwei mal destilliert. Das ist die übliche Methode. Nach dem ersten Brennen wird der Brand mit Wasser verdünnt und ein zweites Mal gebrannt.

Beim Gegenstromverfahren hat der Apparat drei Glockenböden, die jeweils mit Wasser gefüllt sind. Der Dampf wird dreimal durch flache Wasserschichten gepresst, bevor er abkühlt und kondensiert. In diesem Kolonnenverfahren wird

nur einmal gebrannt. Der Brand wird dann mit Wasser auf den gewünschten Alkoholgehalt verdünnt und muss rasten, damit sich die Moleküle ineinander „verbeißen" können.

Marillenbrand, der mit dem Gegenstromverfahren hergestellt wird, ist nicht so lange lagerfähig, dafür aber fruchtiger im Geschmack. Beim zweimal gebrannten Schnaps entfaltet sich das Aroma erst nach einer gewissen Lagerzeit.

Himmelsnektar

Der Marillennektar ist von so einem leuchtenden Orange, als ob in der Flasche eine kleine Sonne gefangen wäre, die dem Nektar diese Farbe verleiht. Der Wachauer Marillennektar enthält sonnengereifte Früchte, aber keine wie immer gearteten Konservierungsmittel oder Farbstoffe. Der Marillennektar ist ebenso gut wie schön.

Aus der Marille lässt sich kein Saft pressen, deswegen wird das Fruchtfleisch mitverarbeitet. Das ist dann Nektar. Die Früchte kommen in eine Trommel, in der die Kerne herausgepresst werden. Beim zweiten Durchgang werden in der Trommel die Früchte geschält. Dann wird das Fruchtfleisch zu Fruchtmark zerkleinert und Zucker zugesetzt. Große Produzenten frieren Fruchtmark ein, um das ganze Jahr über frischen Nektar produzieren zu können.

Um den Nektar haltbar zu machen, wird er auf 83 ° Celsius erhitzt, und danach wird ihm eine bestimmte Menge Wasser zugesetzt. Der Fruchtanteil bei Marillennektar beträgt 45 %. Käme kein Wasser dazu, würde der Nektar gelieren. Gibt man zu viel Wasser dazu, sinkt der Nektar ab, und das Wasser steigt auf.

Nach dem Abfüllen ist Nektar zwei Jahre lang haltbar – theoretisch. In der Praxis kommt so eine lange Lagerung selten vor, denn dazu schmeckt Marillennektar einfach zu himmlisch.

Harald Aufreiter aus Krems-Angern beim Destillieren von Marillenbrand; Edelbrände im Keller von Christian Schüller, Maria Taferl (links).

Hotelier Christian Thiery und seine Marillenmarmelade (rechts).

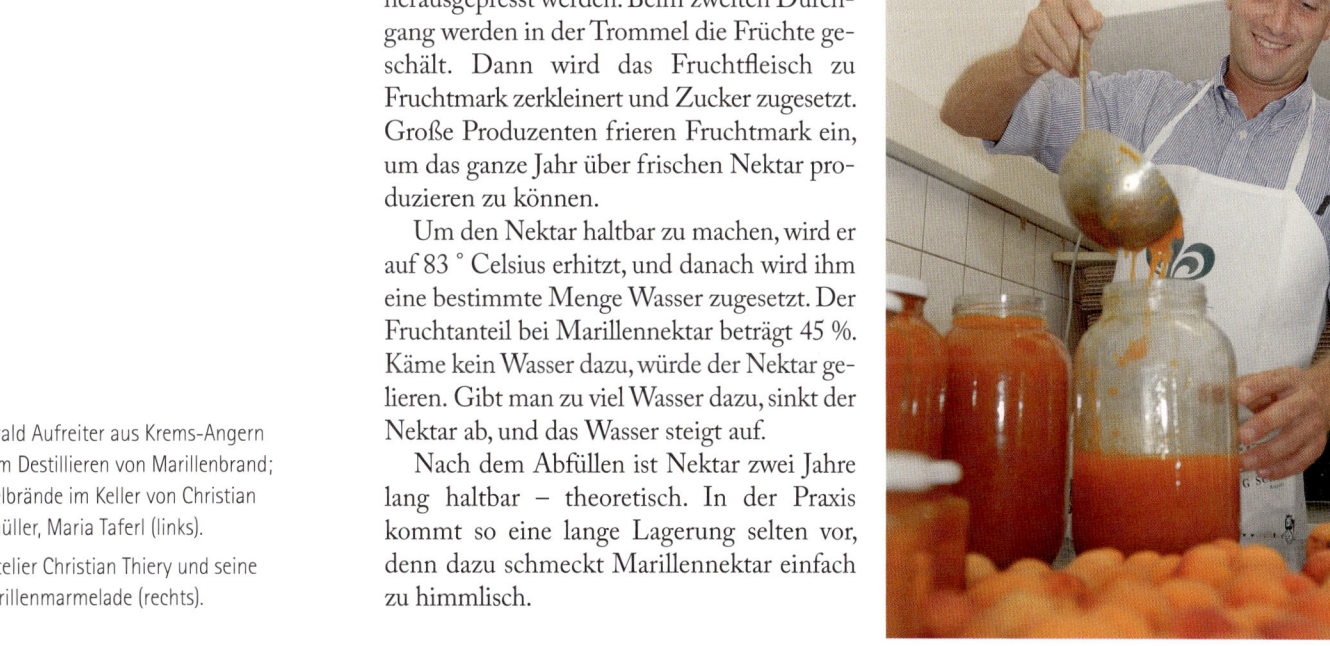

Kernspaltung

Auch geschälte Marillenkerne bzw. „Aprikosenkerne bitter" werden in jüngster Zeit vermehrt angeboten. Teilweise werden sie als günstiges und wirkungsvolles Anti-Krebs-Mittel angepriesen. Die Wirkung beruht laut den Herstellern auf dem in den Kernen enthaltenen Vitamin B17 („Laetrile") bzw. auf der darin enthaltenen giftigen Blausäure, die Krebszellen abtöten soll. Die AGES-Experten verweisen jedoch darauf, dass gesunde Körperzellen durch die Blausäure ebenso geschädigt werden.

Das so genannte Vitamin B17 ist kein Vitamin, wie es etwa in Obst oder Gemüse enthalten ist. Es handelt sich dabei um einen Inhaltsstoff, der in der Fachsprache Amygdalin genannt wird. Diese Substanz enthält Blausäure in gebundener Form und dient einigen Pflanzen als Schutzstoff gegen natürliche Feinde. Amygdalin findet man zum Beispiel in Bittermandeln, Kernen von Zitrusfrüchten, Zwetschkenkernen und eben in Marillenkernen. Durch das Kauen der geschälten Kerne wird die Blausäure aus dem Amygdalin freigesetzt. Je länger man die geschälten Kerne kaut, desto höhere Blausäuremengen werden frei. Hinweise auf Produktverpackungen, die Kerne vor dem Schlucken gut und ausgiebig zu kauen, führen bei Befolgung zu höheren Blausäuremengen und damit zu einem höheren Risiko für die Gesundheit.

Der menschliche Körper ist zwar in der Lage, gewisse Mengen an Blausäure abzubauen. Wird aber zu viel Blausäure durch den Genuss von Marillenkernen aufgenommen, können unterschiedliche Vergiftungserscheinungen auftreten. Die Symptome reichen von Kopfschmerzen, Schwindel und Krämpfen über Blausucht bis hin zu Koma und Tod. Bei Kindern reichen bereits sehr geringe Mengen aus, um schwere Vergiftungen auszulösen. Auch bei Senioren oder kranken Menschen muss damit gerechnet werden, dass das körpereigene Entgiftungssystem nicht ausreichend arbeitet.

Da bei geschälten Marillenkernen grundsätzlich mit der Möglichkeit eines überhöhten Blausäuregehalts gerechnet werden muss, empfehlen die Experten der AGES und des Bundesministeriums für Gesundheit und Frauen, generell auf den Verzehr derartiger Produkte zu verzichten; die britische Food Standards Agency (FSA) empfiehlt, nicht mehr als zwei Kerne pro Tag zu essen.

Besser ist es, den getrockneten Marillenstein zu Dekorationszwecken zu verwenden oder ihn – so wie es auch in Wachauer Läden angeboten wird – mit Blattgold versehen als Schmuckstück um den Hals zu tragen.

Marillenlieferung für die Firma Bailoni, Stein.

Besondere Veredelung: echter Wachauer Marillenkern, vergoldet, angefertigt von Vergoldermeister Markus Bauer, Krems (Wachauer Privatdestillerie Hellerschmid, Krems).

Glücksboten

Die neue Schokoladekultur ist mit der Marille eine sehr geglückte Beziehung eingegangen. Nicht so exotisch, kontroversiell oder feurig wie Schokolade mit Avocado, Erdäpfel oder Chili, dafür aber sehr harmonisch – das säuerliche Aroma der Frucht passt gut zu den herben oder süßen Komponenten der Schokolade.

Als Innenleben handgeschöpfter Schokoladen können Marillenbrand, Marillengelee und Marillenpüree verwendetet werden, die dann mit einer Schokoladekuvertüre überzogen werden.

Die Wachauer Marillen sind bei Herstellern handgeschöpfter Schokolade sehr gefragt. Kremser Konditoreien, die vermehrt mit Produkten aus der Region arbeiten, kombinieren Marille mit Konfekt und Schokolade.

Die Konditorei Hagmann wurde 1836 als „1. Kremser Volkskaffee" gegründet. So manche Rezepte sind überlieferte und gehütete Geheimnisse des Hauses. Die Schokoladeformen und Werkzeuge des Konditors aus dem 19. Jahrhundert können in der Kremser Konditorei besichtigt werden, die Wachauer Schokoladen von heute werden in einer modernen Küche gefertigt.

Auch die Konditorei Raimitz in Krems hat die Marille in ganz besonders verführerischer Form veredelt. Marillenmarzipan und Marilleneis zählen zu ihren Spezialitäten.

Familie Wieser aus Wösendorf, die neben ihren Weinen und Bränden eine große Produktpalette kreiert, verfeinert ihre Schokoladen mit Marillenkernöl und gerösteten Marillenkernen.

Rezepte
mit Marillen

Rezept von Ulli Amon-Jell,
Gasthaus Jell, Krems

SELCHFLEISCHKNÖDEL
auf Marillen-Paprika-Röster

ZUTATEN FÜR
CA. 8 KNÖDEL

Teig
400 g rohe,
ungeschälte Erdäpfel
20 g Butter
100 g Mehl
20 g Grieß
1 Eidotter

Fülle
300 g Selchfleisch
1 gr. Zwiebel
etwas Öl
Majoran
Salz und Pfeffer
Petersilie

Röster
1 gr. Zwiebel
Zucker zum Glacieren
4 bunte
Paprikaschoten
6 Marillen
(oder Marillenmarmelade)
Zitronensaft
Salz und weißer
Pfeffer
Balsamico-Essig

ZUBEREITUNG

1 Mehlige Erdäpfel in Salzwasser weich kochen, schälen, entweder sofort heiß passieren (durch ein Drahtsieb oder mit der Erdäpfelpresse) oder ganz erkaltet faschieren bzw. mit dem Erdäpfelreißer raspeln.

2 Die übrigen Zutaten für den Teig mit der völlig erkalteten Erdäpfelmasse verkneten. Nach kurzem Rasten den Teig zu einer Rolle formen, Scheiben abschneiden.

3 Für die Fülle Selchfleisch (man kann stattdessen auch andere Fleischarten nehmen, Reste verwerten) faschieren oder klein hacken, Zwiebel fein hacken und in heißem Öl glacieren, in die Selchfleischmasse geben und mit Majoran, etwas Salz und Pfeffer sowie frischer, fein gehackter Petersilie würzen (Vorsicht beim Salzen, Selchfleisch ist relativ salzig!).

4 Aus der Fülle kleine Kugeln formen, diese mit Erdäpfelteig umhüllen und zu Knödeln formen, gut verschließen und in leicht köchelndem Salzwasser ca. 10 Minuten ziehen lassen (eventuell Probeknödel kochen).

5 Für den Marillen-Paprika-Röster Zwiebel mit Zucker glasieren, Paprikaschoten in Würfel schneiden, diese dazugeben. Frische Marillen entkernen und in Spalten schneiden, diese (oder Marillenmarmelade) ebenfalls dazugeben und gut verköcheln lassen. Mit Zitronensaft, Salz, Pfeffer und Balsamico-Essig abschmecken.

Rezept von Küchenchef
Johann Zusser,
Hotel Schloß Dürnstein,
Dürnstein

ZUTATEN FÜR
1 PORTION

80 g pariertes
Rehrückenfilet

Salz und Pfeffer

Thymian- und
Rosmarinzweig

Olivenöl

Kruste
40 g Butter

50 g Weißbrot ohne Rinde,
fein gekuttert

30 g getrocknete Wachauer
Marillen, fein würfelig
geschnitten

1/2 Eidotter

Kräuter (z. B. Petersilie,
Liebstöckel und Thymian),
fein geschnitten

Salz und Pfeffer

Muskat, gerieben

1/2 Wachauer Marille,
pochiert

Sauce
1/16 l Rehjus

4 Wacholderbeeren

1 cl Gin, 10 g kalte Butter

Beilagen
4 Stk. Kohlsprossen

50 g verschiedene
Pilze der Saison

20 g Butter

Salz und Pfeffer

5 Stk. Schupfnudeln
(aus Erdäpfelteig,
Rezept s. S. 99)

20 g Butter

40 g Rotkraut,
gedünstet

REHRÜCKENFILET in der Marillenkruste mit
Wacholdersauce, Kohlsprossen, Pilzen und Schupfnudeln

ZUBEREITUNG

1 Rehrückenfilet würzen, in Olivenöl anbraten, im vorgeheizten Backofen bei 180 °C ca. 15 Minuten rosa braten.

2 Für die Marillenkruste Butter schaumig rühren, gekuttertes Weißbrot und alle anderen Zutaten beimengen, damit das Rehrückenfilet belegen.

3 Pochierte Marillenhälfte in die Kruste einsetzen und im Salamander (oder im Backofen bei reiner Oberhitze auf der obersten Schiene) überbacken.

4 Für die Sauce Rehjus mit angedrückten Wacholderbeeren und Gin verfeinern, durch ein feines Sieb streichen und mit kalter Butter montieren.

5 Gekochte und halbierte Kohlsprossen und Pilze in Butter schwenken und mit Salz und Pfeffer würzen.

6 Aus Erdäpfelteig längliche Nudeln formen, diese in Salzwasser kochen und danach in Butter anbraten.

7 Gedünstetes Rotkraut in die Tellermitte setzen, halbiertes Rehfilet daraufsetzen, mit Wacholderjus umkränzen und mit den restlichen Beilagen das Gericht vollenden.

8 Mit einem frittierten Basilikumblatt dekorieren.

Rezept von
Sissy Sonnleitner,
Landhaus Kellerwand,
Kötschach-Mauthen

MARILLEN-KAROTTENCREMSUPPE

ZUTATEN FÜR
4 PORTIONEN
500 g Karotten
8 reife Marillen
1 Schalotte
2 EL Marillenkernöl
1 Scheibe Ingwer
Salz, weißer Pfeffer
400 ml Hühnersuppe
Basilikum
Marillenkernöl

ZUBEREITUNG
1 Karotten schälen und in dünne Scheiben schneiden, Marillen entkernen.
2 Klein gehackte Schalotte in Marillenkernöl anlaufen lassen, Karotten, Ingwer und Marillen zufügen, salzen und pfeffern, kurz im eigenen Saft dünsten, mit Hühnersuppe aufgießen und weich kochen.
3 Einen Teil der Karotten für die Einlage ganz lassen, die übrige Suppe pürieren, abschmecken und mit gehacktem Basilikum bestreuen.
4 Mit ein paar Tropfen Marillenkernöl servieren.

Rezept von Ulli Amon-Jell,
Gasthaus Jell, Krems

PROSCIUTTO mit Roquefortmarille

ZUTATEN FÜR
1 PORTION
1 reife, weiche Marille
1 EL Marillenmarmelade
1 nussgroßes Stück
Roquefortkäse
5 Blatt Prosciutto
Parmesan zum
Darüberstreuen

ZUBEREITUNG
1 Marillen entkernen, in jede Marmelade einfüllen und wieder zusammensetzen, darauf ein nussgroßes Stück Roquefortkäse setzen und im Backofen gratinieren.
2 Mit Prosciutto und frisch gehobeltem Parmesan anrichten.
3 Dazu passt Olivenbrot.

Rezept von Ulli Amon-Jell,
Gasthaus Jell, Krems

**ZUTATEN FÜR
1 PORTION**

1 Saiblingsfilet
1 reife Marille
1/2 reife Avocado
1 TL Zitronensaft
Salz, weißer Pfeffer
1 Schuss Balsamico-Essig
1 TL Marillenmarmelade
etwas Olivenöl

1 EL Grammeln
1 Flusskrebs, frisch gekocht

Lachskaviar und Salatblätter
zum Garnieren

SAIBLINGSCARPACCIO mit Marillen-Avocado-Pesto

ZUBEREITUNG

1 Saiblingsfilet hauchdünn in Scheiben aufschneiden (Fisch vorher leicht einfrieren, dann lässt er sich besser schneiden), die Scheiben auf Tellern anrichten.
2 Marille entkernen, in feine Würfel schneiden, Avocado schälen, in feine Würfel schneiden und diese mit Zitronensaft beträufeln.
3 Marillen- und Avocadowürfel mit Salz, weißem Pfeffer, Marillenmarmelade und Balsamico-Essig gut vermengen und fein pürieren, etwas Olivenöl dazugeben.

4 Die frischen Grammeln anrösten, durch eine Erdäpfelpresse drücken, damit die Grammeln fast fettfrei sind, danach Grammeln ganz fein hacken.
5 Das Marillen-Avocado-Pesto auf die dünnen Filetscheiben streichen und mit den Grammeln bestreuen.
6 Darauf den frisch gekochten Flusskrebs setzen, das Ganze mit Kaviar und Salatblättern nach Belieben garnieren.

Rezept von Küchenchef
Johann Zusser,
Hotel Schloß Dürnstein,
Dürnstein

Weiter auf der
folgenden Seite ...

ZUTATEN FÜR 1 PORTION

1 Seeteufelmedaillon
à 80 g
Zitronensaft
Salz und Pfeffer
Olivenöl
1 Hummerschere
1 Thymianzweig
1 Knoblauchzehe

Marillen-Vanille-Sauce
2 Stück vollreife
Wachauer Marillen

1 Schalotte, fein
würfelig geschnitten

etwas Butter

1 Msp. Kristallzucker

1 cl Noilly Prat

1 cl Marillenlikör

2 cl Fischfond

2 cl Kokosmilch

1 Kardamomkapsel
(Gewürz auch in
Pulverform erhältlich)

Salz und Pfeffer

Vanillemark aus
einer Vanilleschote

2 cl Obers

10 g kalte Butter

SEETEUFELMEDAILLON mit Hummer und Marillen-Vanille-Sauce, rotem Mangold, Reisplätzchen

ZUBEREITUNG

1 Seeteufelmedaillon säubern, säuern und salzen.

2 Einen Hummer kochen, 1 Schere auslösen. Rest des Hummers für Cocktail oder Ähnliches verwenden; aus den Karkassen (= Schalen) kann man z. B. die Hummerbutter bereiten: Schalen in einen Mörser geben und fein zerstoßen, etwa gleich viel Butter dazugeben, salzen, miteinander vermengen und dann durch ein Haarsieb streichen.

3 Seeteufelmedaillon in Olivenöl anbraten, Medaillon bis zur Mitte einschneiden, ausgelöste Hummerschere salzen und in das eingeschnittene Medaillon stehend einsetzen. Mit einem Bindfaden fixieren (bridieren = in Form bringen).

4 Im vorgeheizten Backofen mit Aromaten (Thymianzweig, ungeschälte Knoblauchzehe, leicht angedrückt) ca. 5 Minuten braten.

5 Für die Marillen-Vanille-Sauce Wachauer Marillen entkernen und klein schneiden. Schalotte in Butter anschwitzen, Kristallzucker beigeben, leicht karamellisieren.

6 Mit Noilly Prat und Marillenlikör ablöschen, Fischfond und Kokosmilch beigeben und mit Kardamom, Salz, Pfeffer und Vanillemark (ausgekratzte Schote zum Garnieren aufbewahren) würzen.

7 Sauce einreduzieren, Marillenstücke beifügen, mit Obers auffüllen, mit dem Stabmixer aufmixen und anschließend durch ein feines Sieb streichen, mit kalter Butter montieren (Sauce darf nicht kochen).

8 Mangold unter fließendem Wasser reinigen. Butter erhitzen, Mangold beigeben, salzen, pfeffern und mit geriebenem Muskat würzen, mit brauner Butter vollenden.

9 Gekochten Reis in einer Schüssel vermengen, würzen, Kräuter beigeben und geschlagenes Eiklar unterheben.

10 Olivenöl erhitzen und die Reismasse (in Ringform) in einer Pfanne beidseitig braten.

11 Für die Hummersauce kalte Hummerbutter in die erhitzte Fischsauce einrühren (Sauce darf nicht kochen).

12 Die Reisplätzchen in die Tellermitte setzen, roten Mangold darauf anrichten, Seeteufelmedaillon mit Hummerschere daraufsetzen. Mit Marillen-Vanille-Sauce und Hummersauce vollenden, mit Vanilleschote und pochierten Marillenspalten garnieren.

Roter Mangold
30 g roter Minimangold
(Blattgemüse)
20 g Butter
Salz und Pfeffer
Muskatnuss, gerieben

Reisplätzchen
roter Reis, wilder
Reis und Basmatireis,
gekocht (insgesamt 50 g)
Salz und Pfeffer
Petersilie, in feine Streifen
geschnitten
Kresse, fein geschnitten
1 Eiklar
etwas Olivenöl

Hummersauce
(vereinfachte Form)
10 g Hummerbutter
zum Montieren
3 cl Sc. Vin Blanc
(Fischsauce mit Weißwein
und Schlagobers)

Garnitur
einige Marillenspalten,
pochiert

*Alle bei den Zutaten
angeführten Spezialpro-
dukte sind im sehr guten
Fachhandel erhältlich.

EINGELEGTE GEWÜRZMARILLEN

ZUTATEN

1,5 kg Marillen

6 Wacholderbeeren

5 Gewürznelken

2 Lorbeerblätter

500 ml Weißwein

250 ml Essig (Honig- oder milder Weißweinessig)

100 g Zucker

2 getrocknete Chilischoten

ZUBEREITUNG

1 Die Marillen kreuzweise einritzen und mit Wasser überbrühen, dann abseihen (Brühwasser auffangen) abtropfen und etwas auskühlen lassen. Anschließend die Haut abziehen, Marillen halbieren und entkernen.
2 Die vorbereiteten Marillenhälften in Gläser geben (Gläser ca. bis zur Hälfte damit füllen).
3 Die Gewürze grob hacken, die Lorbeerblätter in kleine Stücke reißen.
4 400 ml vom Brühwasser abmessen und mit Weißwein, Essig, Zucker und allen Gewürzen aufkochen. Den heißen Sud über die Marillen gießen (darauf achten, dass alle Gläser auch von den Gewürzen abbekommen). Die Gläser sollten bis knapp unter den Rand gefüllt sein.

5 Gläser sofort verschließen und für 40 Minuten einkochen: Dazu die Gläser in einen Topf mit Wasser geben (das Wasser sollte bis ca. 1/3 unter dem Deckel der Gläser stehen) und bis knapp unter den Siedepunkt erhitzen. Im Topf erkalten lassen, Gläser kühl und dunkel lagern.
6 Gewürzmarillen passen gut zu Fleischgerichten.

ORIENTALISCHES REISFLEISCH

**ZUTATEN FÜR
4–6 PORTIONEN**

400 g Hühnerbrust, in Würfel geschnitten

2 EL Öl

Salz und Pfeffer

1 große Zwiebel

2 Knoblauchzehen

2 EL Pinienkerne

1 TL Kreuzkümmel

etwas Curry- und Zimtpulver

600 ml Suppe

200 g Risottoreis

8 getrocknete Marillen

ZUBEREITUNG

1 Fleischwürfel in heißem Öl anbraten, salzen und pfeffern. Zwiebel und Knoblauch fein hacken und mit den Pinienkernen zum Fleisch geben, kurz mitrösten. Mit den Gewürzen überstäuben und mit der Suppe ablöschen.

2 Reis und klein geschnittene Marillen zugeben, bei geringer Hitze das Ganze 30–40 Minuten köcheln lassen.
3 Dazu passt mit gehackter Petersilie und Minze gewürztes Naturjoghurt.

MARILLENSENF

ZUBEREITUNG

1 Die Marillen entkernen und grob würfeln. Die Senfkörner und Korianderkörner portionsweise möglichst fein mahlen. Die Vanilleschote in Stücke schneiden und ebenfalls fein mahlen.

2 Die Marillenstücke mit dem Vanillezucker und dem Meersalz in einen Topf geben und vermengen (die Früchte ziehen Wasser). Nach ca. 1 Stunde zum Kochen bringen und weich kochen, anschließend pürieren und abkühlen lassen.

3 Das Marillenmus mit den gemahlenen Gewürzen und dem Essig gut durchpürieren, dann in Gläser füllen, diese mit einem frischen Geschirrtuch abdecken und über Nacht geöffnet stehen lassen, damit sich die Schärfe entwickelt, erst dann Gläser gut verschließen.

4 Der Marillensenf sollte jetzt 3 Monate reifen, damit er aromatischer wird. Danach ist er ein Jahr haltbar. Lagerung: kühl und dunkel, angebrochene Gläser im Kühlschrank.

ZUTATEN
500 g Marillen

150 g gelbe Senfkörner

50 g braune Senfkörner

2 EL Korianderkörner

1 Vanilleschote

70 g Vanillezucker

2 TL Meeressalz

300 ml Essig (Honig- oder milder Weißweinessig)

SCHWEINSGESCHNETZELTES
mit Marillenobers

ZUBEREITUNG

1 Das Fleisch in Streifen schneiden, die Marillen halbieren, entkernen und ebenfalls in Streifen schneiden.

2 Das Fleisch in Butter schön anbraten, die Marillen hinzufügen und mitbraten.

3 Mit Mehl stauben, mit Cognac oder Weinbrand ablöschen und kurz einkochen lassen, mit Obers aufgießen, einmal aufkochen lassen und die Sauce mit Zitronensaft, Salz und Pfeffer abschmecken.

4 Dazu passt Reis und grüner Salat.

ZUTATEN FÜR 1 PORTION
70 g Schweinsschnitzelfleisch

70 g Marillen

2 EL Butter

2 EL Mehl

1 EL Cognac oder Weinbrand

125 ml Obers

1 Schuss Zitronensaft

Salz und Pfeffer

Originalrezept für 4 Portionen:
500 g Marillen

400 g Schweinsschnitzel

2 EL Mehl

1 EL Butter

250 ml Obers

1 Schuss Zitronensaft

Salz und Pfeffer

Rezept vom Restaurant
Hotel Richard Löwenherz,
Dürnstein

MARILLENKNÖDEL aus Topfenteig

ZUBEREITUNG

1 Für den Teig Butter mit Eidotter schaumig rühren, alle anderen Zutaten nacheinander unterrühren, Teig 2 Stunden rasten lassen, danach Teig zu einer Rolle formen, Stücke abschneiden.

2 Die Marillen entsteinen, mit Würfelzucker füllen und jede Marille mit einem Teigstück umhüllen, zu Knödeln formen und diese in Salzwasser ca. 20 Minuten kochen lassen.

3 Die Knödel in mit Butter gerösteten Bröseln wälzen und mit Zucker bestreuen.

MARILLENKNÖDEL aus Erdäpfelteig

ZUBEREITUNG

1 Erdäpfel in Salzwasser weich kochen, schälen, entweder sofort heiß passieren (durch ein Drahtsieb oder mit der Erdäpfelpresse) oder ganz erkaltet faschieren bzw. mit dem Erdäpfelreißer raspeln.

2 Die übrigen Teigzutaten mit der völlig erkalteten Erdäpfelmasse verkneten. Nach kurzem Rasten den Teig zu einer Rolle formen, Scheiben abschneiden, auf die Handfläche legen, Marillen darauflegen und diese dann mit leichtem Druck mit dem Teig umhüllen.

3 Die Marillenknödel in leicht köchelndes Salzwasser legen (Vorsicht, unbedingt Probeknödel kochen!) und im offenen Topf ca. 25 Minuten ziehen lassen, danach mit einem Sieb oder Schaumlöffel auf dem Wasser heben und abtropfen lassen, anschließend in Butterbröseln wälzen.

4 Mit einem Minzeblatt garnieren und gut überzuckern (oder mit leicht erwärmter Honigbutter übergießen). Dazu passt gut Marillenröster (Rezept siehe S. 98).

Rezept von
Christine Saahs,
Nikolaihof,
Mautern a. d. Donau

ZUTATEN FÜR 8–10 KNÖDEL

Teig
400 g mehlige Erdäpfel
200 g Butter
100 g Mehl
20 g Grieß
1 Dotter

Fülle
8–10 große, reife Marillen

Butterbrösel
150 g Brösel
150 g Butter

Minzeblatt zum Garnieren
Staubzucker zum Bestreuen

MARILLENKNÖDEL
mit Marillenröster

ZUTATEN FÜR
6 PORTIONEN

Teig
25 g Butter
2 EL Staubzucker
2 Eier
350 g Topfen
Zitronenschale
1 Schuss Rum
Salz
100 g Semmelbrösel

Fülle
12 Stück Marillen
12 Stück Würfelzucker

Zuckerbrösel
100 g Butter
100 g Brösel
50 g Kristallzucker
1 Prise Zimt
Vanillezucker

Marillenröster
250 g Marillen
2 EL Honig
100 ml Wasser
4 EL Zucker
Vanillezucker

ZUBEREITUNG

1 Für den Teig Butter mit Staubzucker schaumig schlagen, die Eier dazugeben, den Topfen, Zitronenschale, Rum, Salz und Semmelbrösel unterrühren. Die Masse ca. 2 Stunden ziehen lassen. Sollte der Teig zu stark kleben, noch 2 EL Semmelbrösel dazugeben.

2 Marillen einschneiden und den Kern entfernen, 1 Stück Würfelzucker hineingeben (oder den Kern mit einem Kochlöffel herausstoßen und Würfelzucker hineingeben), mit Teig umhüllen; schöne Knödel formen, diese in leicht kochendem Salzwasser ca. 15 Minuten leicht wallend kochen.

3 Für die Zuckerbrösel Butter zerlassen, Brösel und Zucker goldbraun rösten, mit Zimt und Vanillezucker aromatisieren. Die gekochten Knödel hineingeben und darin wälzen.

4 Für den Marillenröster die Marillen halbieren, den Honig karamellisieren lassen und mit Wasser ablöschen. Die halbierten Marillen, den Zucker und Vanillezucker dazugeben, weich schmoren lassen.

5 Die Knödel mit Staubzucker bestreuen und mit Marillenröster servieren.

www.moerwald.at

MARILLENTÖRTCHEN
auf Vanillesauce und Marillenmark

Rezept von
Lisl Wagner-Bacher,
Landhaus Bacher, Mautern

ZUBEREITUNG

1 Für den Teig Mehl auf Arbeitsfläche sieben, in der Mitte eine Mulde drücken. In diese weiche Butter, Zucker, Salz und den Eidotter geben, rasch gut verkneten und zum Schluss Milch beifügen. (Mit der Menge der Milch kann die Festigkeit des Teiges variiert werden. Den Teig möglichst wenig bearbeiten, da er sonst bröckelig wird).

2 Mürbteig 4 mm dick ausrollen, in gebutterte Tarteletteförmchen legen, hineindrücken und ein paar Mal anstechen, eine Stunde im Kühlschrank rasten lassen, anschließend im Backofen bei 180 °C goldbraun backen.

3 Für das Marillenmark Marillen entsteinen, mit Zucker und ganz wenig Wasser kurz aufkochen, passieren und kalt stellen.

4 Die übrigen Marillen für die Törtchen entsteinen und in Spalten schneiden, mit Marillenlikör und etwa der Hälfte des Marillenmarks marinieren, und die marinierten Marillenspalten in die vorgebackenen Mürbteigschüsserl füllen.

5 Für die Gratinmasse Butter und Staubzucker schaumig rühren. Nach und nach die Eidotter unter ständigem Rühren zufügen, dann den Topfen dazugeben. Eiklar mit Kristallzucker aufschlagen und unter die Masse rühren. Mit Salz, Vanillemark und Zitronenschale abschmecken. Anschließend die Gratinmasse über die marinierten Marillen in die Mürbteigschüsserl füllen und im Backofen bei 175 °C 12–15 Minuten backen.

6 Für die Vanillesauce die Milch mit dem Obers und dem Mark der Vanilleschote aufkochen. Zucker mit den Eidottern schaumig schlagen, die Dottermasse in die heiße Vanillemilch einrühren. Über Wasserdampf so lange schlagen, bis die Sauce cremig wird. Anschließend noch durch ein Sieb passieren und kalt stellen.

7 Mit der Vanillesauce auf Tellern einen Spiegel setzen. Die Törtchen in der Mitte anrichten und mit dem übrigen Marillenmark umgießen. Mit einem Stäbchen Schlingmuster ziehen.

ZUTATEN FÜR
4 PORTIONEN

Törtchen
4 Mürbteigschüsserl
300 g Marillen
Marillenlikör

Mürbteig
(für mehr als 4 Schüsserl, Teig lässt sich im Kühlschrank gut aufbewahren)
400 g Mehl
200 g Butter
130 g Staubzucker
1 Msp. Salz
1 Eidotter, 2 EL Milch

Marillenmark
100 g Marillen
etwas Zucker
wenig Wasser

Gratinmasse
40 g Butter
20 g Staubzucker
2 Eidotter
125 g Topfen
2 Eiklar
30 g Kristallzucker
Salz
etwas Vanillemark
etwas geriebene Zitronenschale

Vanillesauce (ca. 3/8 l)
125 ml Milch
125 ml Obers
1 Vanilleschote
40–50 g Zucker
4 Eidotter

Rezept von Toni Mörwald,
Restaurant „Zur Traube",
Feuersbrunn

PALATSCHINKEN GEFÜLLT
mit Marillenmarmelade & Wagramer Nüssen

**ZUTATEN FÜR
6 PORTIONEN**

Teig
180 g Milch
3 Eier
25 g Zucker
1 Prise Salz
Vanillezucker
90 g Mehl

Öl zum Ausbacken
Marillenmarmelade zum
Bestreichen
geriebene Nüsse
zum Dekorieren

ZUBEREITUNG

1 Für den Teig die Mich, Eier, Zucker, Salz und Vanillezucker miteinander verrühren und das Mehl unterrühren.

2 In einer Pfanne Öl heiß werden lassen und goldgelbe Palatschinken darin herausbacken.

3 Die gebackenen Palatschinken mit Marillenmarmelade bestreichen und einrollen. Danach mit den geriebenen Nüssen und Staubzucker garnieren.

www.moerwald.at

Rezept vom Restaurant
Hotel Richard Löwenherz,
Dürnstein

**ZUTATEN FÜR
6 PORTIONEN**
30 g Butter
60 g Mehl
125 g Topfen
1 Eidotter
Salz
Marillenmarmelade
zum Füllen
1 Eidotter zum Bestreichen

Butterbrösel
150 g Brösel
150 g Butter

Garnitur
frische Beeren
Minzeblätter

MARILLENTASCHERLN
aus Topfenteig

ZUBEREITUNG

1 Butter, Mehl und Topfen abbröseln und mit dem Eidotter zu einem geschmeidigen Teig kneten, diesen 2 Stunden rasten lassen.

2 Teig dünn ausrollen, rund ausstechen, mit fester Marillenmarmelade füllen, die Teigränder mit verquirltem Eidotter bestreichen. Die Kreise zu Halbmonden zusammenschlagen und die Ränder fest zusammendrücken.

3 Marillentascherln 10 Minuten in Salzwasser kochen und in mit Butter gerösteten Bröseln wälzen, mit frischen Beeren und Minzeblättern garnieren.

MARILLENTASCHERLN aus Erdäpfelteig

ZUTATEN FÜR CA. 8 PORTIONEN

Erdäpfelteig
1 kg Erdäpfel
250 g Mehl
1 Ei
Salz
30 g Grieß
60 g Butter oder Margarine

Fülle
500 g Marillen

1 Eiklar zum Bestreichen

Butterbrösel
80 g Butter
80 g Semmelbrösel

Staubzucker zum Bestreuen

ZUBEREITUNG

1 Die Erdäpfel weich dämpfen, heiß schälen und sofort durch die Erdäpfelpresse drücken (oder mit dem Nudelwalker zerdrücken). Die übrigen Teigzutaten dazumengen und rasch verkneten (der Teig darf nicht lange geknetet werden, damit er nicht nachlässt und zu viel Mehl eingemengt werden muss).

2 Den Teig messerrückendick auswalken, 6 cm vom Teigrand entfernt in 3-cm-Abstand die entsteinten und halbierten Marillen in einer Reihe auflegen. Den Teig rund um die Frucht mit Eiklar bestreichen, Teigrand über die Früchte schlagen und halbkreisförmige oder viereckige Tascherln ausradeln.

3 Die Tascherln 3–5 Minuten vorsichtig in Salzwasser kochen, danach abseihen und abtropfen lassen.

4 Semmelbrösel in Butter rösten, die Teigtascherln darin wälzen, vor dem Servieren mit Staubzucker bestreuen.

CLAFOUTIS* mit Marillen

ZUTATEN FÜR 1 AUFLAUFFORM BZW. TORTENFORM

100 g Staubzucker
2 Eier
1 Prise Salz
200 ml Obers
100 g Mehl
500 g Marillen
30 g Butter

ZUBEREITUNG

1 Zucker, Eier, Salz und Obers mit dem Schneebesen schaumig rühren, Mehl hinzusieben und kurz, aber gründlich verrühren.

2 Marillen entsteinen und halbieren, die Marillenhälften in eine gefettete Kuchenform geben, sodass diese randvoll mit Marillen ist. Danach den Teig darübergießen.

3 Den Clafoutis im vorgeheizten Backofen bei 200 °C 20 Minuten backen, dann auf 170 °C reduzieren und Form mit Alufolie bedecken, so weitere 20 Minuten fertig backen.

* Clafoutis ist ein französischer Kuchen aus der Auvergne, der traditionell mit Kirschen zubereitet wird. Es kann jedoch jedes beliebige Obst dafür verwendet werden.

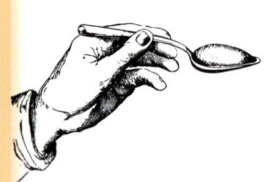

MARILLENKUCHEN

ZUBEREITUNG

1 Butter mit Staubzucker und Vanillezucker schaumig schlagen, Eidotter langsam einrühren, Rum und Zitronenschale dazugeben.

2 Eiklar mit Salz zu Schnee schlagen und abwechselnd mit dem Mehl unter die Butter-Zucker-Eidotter-Masse unterheben.

3 Teig auf ein Backblech geben, die Marillen halbieren, entsteinen und auf den Teig legen.

4 Den Kuchen bei 180 °C ca. 30–35 Minuten im Backofen backen.

Rezept vom Restaurant Hotel Richard Löwenherz, Dürnstein

ZUTATEN FÜR
1 BACKBLECH

250 g Butter
250 g Staubzucker
Vanillezucker
6 Eidotter
1 Schuss Rum
abgeriebene Zitronenschale
6 Eiklar
1 Prise Salz
250 g Mehl

500–750 g Marillen

MARILLENFLECK

ZUBEREITUNG

1 Den Blätterteig laut Packungsanleitung ausrollen, auf ein mit Butter gut befettetes Backblech legen.

2 Für die Glasur Marmelade, Weißwein und Rum in einen kleinen Topf geben, leicht erhitzen und glatt rühren. Mit einem Pinsel die Hälfte der Marmelade auf den Blätterteig streichen.

3 Marillen halbieren, entsteinen und den mit Marmelade bestrichenen Teig sehr eng damit belegen. Für ca. 20 Minuten bei 180 °C in den Backofen geben, danach herausnehmen.

4 Mit der restlichen Marmelade einstreichen, mit Mandelsplittern bestreuen und für weitere 5 Minuten in den Backofen geben.

5 Fertigen Marillenfleck herausnehmen, in Portionen schneiden und am besten lauwarm servieren.

MARILLEN-TOPFEN-STRUDEL

ZUBEREITUNG

1 Butter und Zucker gut verrühren, dann langsam die Eier dazugeben. Den Topfen unterrühren und anschließend alles mit den restlichen Zutaten vermischen.

2 Das Strudelteigblatt auf einem bemehlten Tuch auslegen, die Topfenfüllung auf der unteren Hälfte in einem Streifen auftragen (links und rechts einen Rand freilassen). Auf die Topfenfülle dann noch die Marillenhälften legen.

3 Die Seiten des Strudelteigblattes einschlagen und alle Ränder mit flüssiger Butter einstreichen.

4 Den Strudel mit Hilfe des Tuches vorsichtig einrollen, auf ein gefettetes Backblech geben, mit flüssiger Butter bestreichen und bei 175 °C ca. 40 Minuten backen.

MARILLEN-TRAUBEN-STRUDEL

ZUBEREITUNG

1 Eier trennen, die Eidotter mit Zucker, Vanillezucker und Zimt schaumig rühren. Eiklar steif schlagen und zunächst mit Mehl, Puddingpulver und Nüssen vermischen, danach den Eischnee vorsichtig unter die Dottermasse heben.

2 Den auf einem bemehlten Tuch ausgebreiteten Strudelteig mit etwas geschmolzener Butter gut bestreichen und dann auf zwei Dritteln des Strudelteiges vorsichtig die Fülle aufstreichen (links und rechts einen Rand freilassen), darauf gleichmäßig Marillenstücke und Weintrauben verteilen.

3 Die Seiten des Strudelteigblattes einschlagen, den Strudel mit Hilfe des Tuchs behutsam zusammenrollen und mit der Naht nach unten auf ein gut gebuttertes Backblech legen, mit der restlichen geschmolzenen Butter bestreichen und im auf 180 °C vorgeheizten Backofen etwa 30 Minuten goldbraun backen.

4 Strudel auskühlen lassen und mit frisch geschlagenem Schlagobers servieren.

ZUTATEN FÜR 1 STRUDEL
1 Strudelteigblatt (gezogener Strudelteig)
40 g Butter

Fülle
2 Eier
50 g Zucker
1 P Vanillezucker
1 Prise Zimt
20 g Mehl
20 g Puddingpulver
2 EL geriebene Nüsse

400 g Marillen, entsteint und in Stücke geschnitten
400 g Weintrauben (eventuell kernlos)

Schlagobers zum Garnieren

MARILLEN-WINDRÄDER

ZUBEREITUNG

1 Blätterteig ca. 10 Minuten vor dem Verarbeiten aus dem Kühlschrank nehmen und den Backofen auf 220 °C vorheizen.

2 Für die Fülle Topfen, Eidotter, Zucker, Vanillezucker und Zitronensaft verrühren.

3 Blätterteig ausrollen und mit einem scharfen Messer in etwa 10 x 10 cm große Quadrate schneiden. Je 1 EL Fülle auf die Teigquadrate geben. Von den Ecken die Quadrate Richtung Mitte schräg einschneiden und je eine Ecke zur Mitte klappen.

4 Je eine Marillenhälfte in die Mitte jeder Blätterteigtasche setzen, im Backofen auf mittlerer Schiene ca. 15 Minuten goldgelb backen.

2 Für die Glasur Marillenmarmelade mit Zucker aufkochen und die frisch gebackenen Windräder damit bepinseln.

ZUTATEN FÜR 8 WINDRÄDER
1 P. Blätterteig

Fülle
250 g Topfen
1 Eidotter
30 g Zucker
1 P. Vanillezucker
Saft einer halben Zitrone

Kompottmarillen

Glasur
5 EL Marillenmarmelade
1 EL Zucker

MARILLENAUFLAUF

ZUBEREITUNG

1 Die Semmeln in warmem Wasser 10 Minuten einweichen, danach ausdrücken. Die Marillen halbieren und Kerne entfernen.

2 Die Butter und den Zucker mit dem Schneebesen der Küchenmaschine cremig rühren, Eidotter nach und nach hinzugeben. Die Semmeln und die Haselnüsse unter die Dottermasse rühren, den Likör dazugießen und ebenfalls unterrühren.

3 Die Eiklar zu festem Schnee schlagen und diesen vorsichtig unter die Dottermasse heben.

4 Eine flache Auflaufform befetten, die Auflaufmasse einfüllen und die Marillen mit der Schnittfläche nach unten daraufsetzen.

5 Den Auflauf im vorheizten Backofen bei 200 °C etwa 35 Minuten backen.

MARILLENAUFLAUF mit Grieß

ZUBEREITUNG

1 Milch mit Salz zum Kochen bringen, Grieß beifügen und bei geringer Hitze unter Rühren etwa 2 Minuten dickcremig kochen. Von der Herdplatte nehmen, Grießmasse in eine Schüssel füllen und auskühlen lassen, dabei öfters umrühren.

2 Marillen waschen, gut abtrocknen, entsteinen und in kleine Würfel schneiden.

3 Eier trennen, zimmerwarme Butter mit Eidottern, Kristall- und Vanillezucker schaumig rühren, Grießmasse nach und nach unterrühren.

4 Eiklar zu steifem Schnee schlagen, Zucker nach und nach einschlagen, Eischnee noch einmal kräftig aufschlagen und unter die Grießmasse heben, dann die Marillenwürfel untermengen.

5 Eine Auflaufform befetten, Masse etwa 5 cm hoch einfüllen und glatt streichen.

6 Im vorgeheizten Backofen auf mittlerer Schiene bei 200 °C etwa 25 Minuten backen. Auflauf aus dem Backofen nehmen, mit Butterflocken belegen, mit Mandelblättchen bestreuen und bei 200 °C weitere 15 Minuten backen.

7 Auflauf portionieren und mit Marillenspalten garnieren.

MOHNAUFLAUF mit Marillensauce

ZUBEREITUNG

1 Milch und Rum einmal aufwallen lassen, darin den gestampften Mohn einkochen, danach auskühlen lassen. Inzwischen das Milchbrot zu Bröseln zerkleinern.

2 Bei Zimmertemperatur Butter mit Vanillezucker, der Hälfte des Kristallzuckers, Zimt, Salz und Eidottern cremig rühren.

3 Die Eiklar mit dem restlichen Kristallzucker steif schlagen. Nun die Mohnmasse mit der Buttermasse vermischen und den Eischnee, die geriebenen Walnüsse und die Milchbrotbrösel vorsichtig unterheben.

4 Kleine Formen mit Butter ausfetten und mit Zucker ausstreuen. Darin die Mohnmasse bis ca. 3 cm unter den Rand einfüllen. Die Formen in ein Wasserbad stellen und im Rohr bei ca. 200 °C Unterhitze ca. 20 Minuten garen.

5 Für die Marillensauce die entsteinten Marillen mit Wasser und Zucker einmal aufkochen, kurz mixen und durch ein feines Sieb streichen. Mit etwas Zitronensaft und Marillenbrand abschmecken.

6 Den Mohnauflauf aus den Formen stürzen und mit Marillensauce und fein geschnittenen, frischen Marillenspalten anrichten.

**ZUTATEN FÜR
4 PORTIONEN**

200 ml Milch

1 EL Rum

100 g Waldviertler Graumohn, gestampft

200 g Milchbrot

90 g Butter

1 TL Vanillezucker

70 g Kristallzucker

Zimt

1 Prise Salz

4 Eier

40 g Walnüsse

Sauce
250 g vollreife Marillen

125 ml Wasser

120 g Zucker

Zitronensaft

Marillenbrand

Butter und Zucker für die Formen

Marillenspalten zum Garnieren

MARILLEN-TIRAMISU

ZUBEREITUNG

1 Die Marillen entsteinen und pürieren. Zucker, Vanillezucker, etwas Milch, Topfen und die laut Anleitung für kalte Cremes aufgelöste Gelatine zugeben, alles gut verrühren.

2 Biskotten kurz in der mit Rum vermischten restlichen Milch tunken (nur einmal schnell wenden, sonst werden sie zu weich). Biskotten in eine Auflaufform schichten, darauf eine Schicht Marillencreme streichen, darauf wieder abwechselnd Biskotten und Creme schichten, bis die Zutaten aufgebraucht sind (mit Creme abschließen).

3 Tiramisu vor dem Servieren mindestens 2 Stunden kalt stellen.

**ZUTATEN FÜR
8 PORTIONEN**

900 g vollreife Marillen

50 g Zucker

1 P. Vanillezucker

50 ml Magermilch

500 g Magertopfen

6 Blatt Gelatine

ca. 60 Biskotten

Rum nach Geschmack

SALZBURGER NOCKERLN mit Marillenröster

ZUTATEN FÜR
2 PORTIONEN
4 Eiklar
30 g Kristallzucker
2 Eidotter
Vanillezucker
1 Prise Salz
20 g gesiebte Stärke

2 hitzebeständige Teller
etwas Butter

Staubzucker-Vanille-
Gemisch zum Bestreuen
Marillenröster
(Rezept siehe S. 98)
Rum

ZUBEREITUNG

1 Eiklar zu steifem Schnee schlagen, Kristallzucker langsam einrieseln lassen und weiterrühren.

2 Eidotter, Vanillezucker, Salz und Stärke vorsichtig unterheben.

3 Die im Backofen bereits erwärmten Teller mit Butter bestreichen, aus der Schneemasse 2 große Nockerln formen auf die Teller setzen. Bei 250 °C 6 Minuten backen.

4 Die fertigen Salzburger Nockerln mit Staubzucker-Vanillegemisch bestreuen und mit Marillenröster und Rum servieren.

MARILLENSCHAUM

ZUTATEN FÜR
4 PORTIONEN
4 Eiklar
4 EL Staubzucker
2 EL Marillenmarmelade

Butter für die Formen
125 ml Obers
zum Garnieren

ZUBEREITUNG

1 Eiklar zu steifem Schnee schlagen, den Zucker und die Marillenmarmelade langsam einrühren.

2 Die Masse in kleine, mit Butter ausgestrichene Backformen geben, 10 Minuten im Dampfgarer garen (oder im Wasserbad im Backofen bei mittlerer Hitze) und anschließend auskühlen lassen.

3 Die völlig erkaltete Masse stürzen und mit einer Schlagobershaube servieren.

WIENER WÄSCHERMÄDELN

ZUBEREITUNG

1 Für den Teig Mehl, Bier und Eidotter glatt verrühren, dann Butter, Salz und Zucker untermengen. Eiklar nicht zu steif (cremig) schlagen, vorsichtig unterheben.
2 Die Marillen waschen, gut abtrocknen, mit einem Kochlöffelstiel den Kern herausstechen. Marzipan mit Marillenbrand verkneten und in jede Marille ein Stückchen davon füllen.
3 Gefüllte Marillen durch den Backteig ziehen, in erhitztem Öl schwimmend goldbraun backen, aus dem Fett heben, auf Küchenkrepp legen und abtupfen.

4 Für die Vanillesauce kalte Milch, Zucker, Dotter, Reismehl und die aufgeschlitzte Vanilleschote in einem Schneekessel mit einer Schneerute über Dampf so lange rühren, bis die Masse dickflüssig ist, danach die Creme vom Dampf entfernen und noch 5 Minuten rühren, Vanilleschote entfernen.
5 Vanillesauce in tiefe Teller eingießen, mit Mandelsplittern bestreuen, Wäschermädeln daraufsetzen und mit Staubzucker bestreuen.

ZUTATEN FÜR
4 PORTIONEN

Teig
200 g Mehl, 250 ml Bier
2 Eidotter, 40 g Butter
Salz, etwas Zucker
2 Eiklar

12 Marillen, 180 g Marzipan
etwas Marillenbrand

Öl zum Ausbacken

Vanillesauce
250 ml Milch, 50 g Zucker
2–3 Eidotter, 10 g Reismehl
1 Vanilleschote

50 g Mandelsplitter
Staubzucker zum
Bestreuen

TEEGEBÄCK mit Marillenmarmelade

ZUBEREITUNG

1 Aus Butter, Zucker und Mehl einen Mürbeteig herstellen, diesen eine halbe Stunde im Kühlschrank rasten lassen, dann ca. 2 mm dick ausrollen und in vier 5 cm breite Streifen schneiden.
2 Diese Streifen auf ein befettetes Backblech legen und bei 160 °C ca. 10 Minuten backen, bis sie goldgelb sind. Dann je zwei Streifen mit Marmelade zusammensetzen.

3 Für die Glasur Eidotter mit 50 g Zucker schaumig rühren und die zwei Gebäckstreifen mit dieser Glasur überziehen.
4 Mit den Nüssen und Rosinen bestreuen und nochmals für 10 Minuten ins Rohr stellen, danach noch heiß in fingerbreite Stücke schneiden.

ZUTATEN FÜR
CA. 30 STÜCK
140 g Butter
70 g Zucker
170 g Mehl

6 EL Marillenmarmelade
zum Zusammensetzen

Glasur
1 Eidotter
50 g Zucker

30 g Nüsse,
fein gehackt
30 g Rosinen,
fein gehackt

Rezept von Toni Mörwald,
Restaurant „Zur Traube",
Feuersbrunn

ZUTATEN FÜR
4 PORTIONEN

Gebratene Marillen
4 Marillen
etwas Butter
etwas Honig
etwas Zitronensaft
Zesten von der Limette

Marillenmousse
2 Blatt Gelatine
80 g Zucker
30 g Puddingpulver
50 g Eidotter
400 g Marillenmark
Marillenschnaps
etwa 200 g Obers

Marillensorbet
mit Rosmarin
(Zutaten für
10–12 Portionen,
Herstellung einer
kleineren Masse ist
nicht sinnvoll)
1 kg Marillenmark
200 g Zucker
91 g Glukosepulver
36 g Fructose
50 g Zitronensaft
450 g Wasser
1 Zweig Rosmarin, frisch

Weiter auf der
folgenden Seite ...

DREIERLEI VON DER MARILLE: Gebratene Marillen, Marillenmousse & Marillensorbet mit gebackenem Topfen

ZUBEREITUNG GEBRATENE MARILLEN

Die Marillenhälften in Butter und Honig anbraten. Etwas Zitronensaft und Limettenzesten hinzufügen.

ZUBEREITUNG MARILLENMOUSSE

1 Gelatine in kaltem Wasser einweichen und danach ausdrücken.
2 Zucker, Puddingpulver und Eidotter schaumig schlagen. Das Marillenmark hinzufügen, bei kleiner Flamme erhitzen und etwas einkochen lassen.
3 Gelatine ausdrücken und in die Masse einrühren, etwas Marillenschnaps beigeben.
4 Diese Marillenmasse abwiegen, die Hälfte des Gewichts an steif geschlagenem Obers unterheben und kalt stellen.

ZUBEREITUNG MARILLENSORBET MIT ROSMARIN

1 Für das Sorbet außer dem Rosmarin alle Zutaten vermengen und aufkochen, dann von der Herdplatte nehmen. Den frischen Rosmarinzweig nun darin während des Abkühlens ziehen lassen, dann wieder entfernen.
2 Masse in die Eismaschine füllen.

ZUBEREITUNG GEBACKENER TOPFEN

1 Für den Teig Milch, Mehl, Backpulver, Eidotter, Salz und Zucker zu einem homogenen Teig verarbeiten und das Bier beimengen. Die Eiklar zu Schnee schlagen und unterheben.

2 Für die Fülle Topfen, Honig und die gehackten kandierten Zitronen vermischen, kleine Kugeln aus der Masse formen, die Kugeln tieffrieren.

3 Vor dem Servieren die noch tiefgefrorenen Topfenkugeln in den Teig tauchen und bei 190 °C frittieren, bis sie goldbraun sind.

ZUBEREITUNG KNUSPRIGE WAFFELRÖLLCHEN

1 Den Filoteig aufrollen und in dünne Streifen schneiden, diese mit flüssiger Butter bestreichen, mit Staubzucker bestreuen und um einen gebutterten Stab drehen.

2 Im Backofen bei 160 °C ca. 10–15 Minuten goldbraun backen.

3 Alle Komponenten gemeinsam anrichten und mit Waffelröllchen servieren.

www.moerwald.at

ZUTATEN FÜR 4 PORTIONEN

Gebackener Topfen

Teig
190 g Milch
325 g Mehl
17 g Backpulver
4 Eidotter
1 Prise Salz
65 g Zucker
150 g Bier
4 Eiklar

Fülle
250 g Topfen
50 g Honig
90 g kandierte Zitronen

Öl zum Ausbacken

Knusprige Waffelröllchen
1 Blatt Filoteig (aus dem Supermarkt), oder dünner Strudelteig

etwas Butter zum Bestreichen

Staubzucker zum Bestreuen

MARILLEN-MELONEN-FRAPPÉ

**ZUTATEN FÜR
4 PORTIONEN**
6 Marillen
1 Zuckermelone
2 Zitronen
3 Kugeln Vanilleeis
600 ml Milch
100 g Honig

ZUBEREITUNG

1 Marillen waschen, entsteinen und in Stücke schneiden. Melone halbieren und Kerne herauslösen, Fruchtfleisch der einen Hälfte in feine Stücke schneiden, die zweite Hälfte für die Garnitur in Spalten schneiden. Zitronen auspressen.

2 Vanilleeis, Marillen- und Melonenstücke, Milch, Zitronensaft und Honig fein pürieren.

3 In gekühlte Gläser füllen, mit Melonenspalten garnieren und sofort servieren.

MARILLENEIS

**ZUTATEN FÜR
4–6 PORTIONEN**
500 ml Marillenmark
gesponnener Zucker
(aus 500 g Zucker,
500 ml Wasser)
Saft von 4 Zitronen
500 ml Wasser

Eis und Salz für
die Eismaschine

ZUBEREITUNG

1 Marillenmark, bis zur Perle gesponnener Zucker, Zitronensaft und kaltes Wasser vermischen, durch ein Sieb seihen, in eine Eismaschine füllen und bis zum vollständigen Gefrieren rühren.

Tipp: Fruchteis kann mit Eiklar molliger gemacht werden.

Um Marillenparfait daraus zu machen, kann man 125 ml steif geschlagenes Obers unterrühren, wenn das Eis halb gefroren ist.

MARILLENCREME

**ZUTATEN FÜR
4 PORTIONEN**

600 g reife Marillen,
entsteint

3 EL Zitronensaft

6 EL Zucker

1 Msp. Ingwerpulver

2 EL Gin oder Rum

250 ml Obers, steif
geschlagen

ZUBEREITUNG

1 Marillen in kleine Stücke schneiden. Früchte mit Zitronensaft und Zucker pürieren, nach Belieben durch ein Sieb streichen.
2 Ingwer und Gin oder Rum unterrühren, das Püree ca. 30 Minuten kühl stellen.

3 Eventuell etwas Schlagobers zum Garnieren zurückbehalten, den Rest unter die Masse ziehen.
4 Die Creme vor dem Servieren zugedeckt 2–3 Stunden kühl stellen.

MARILLENRÖSTER

**ZUTATEN FÜR
CA. 6 GLÄSER**

1 kg Marillen

500 ml gesponnener Zucker
(= 250 ml Wasser,
500 g Zucker)

50 g halbierte Mandeln

ZUBEREITUNG

1 Die Marillen halbieren, entsteinen, in gesponnenem Zucker ein paar Mal aufwallen lassen und dann herausnehmen.
2 Den Zucker mit den Mandeln noch dicker einkochen, die Marillen dann wieder dazugeben.

3 Marillenröster in Gläser füllen, Rum auf die Deckelinnenseite träufeln, die Gläser luftdicht verschließen und 10 Minuten im Wasserbad kochen. (Man kann auch 2–3 Marillenkerne dazugeben.)

MARILLENKOMPOTT

**ZUTATEN FÜR
4 PORTIONEN**
600 g Marillen
1 Zitrone,
unbehandelt
125 ml Wasser
90 g Zucker
1 P. Vanillezucker
1 Zimtrinde

ZUBEREITUNG

1 Marillen leicht einritzen, blanchieren und enthäuten, danach halbieren und entkernen. Zitronenschale abreiben, mit dem Zitronensaft ins Wasser geben, Zucker und Vanillezucker gut einrühren und mit der Zimtrinde aufkochen.

2 Marillenhälften zufügen und bei geschlossenem Deckel leicht gar köcheln (die Fruchtstücke sollten nicht zerfallen).

3 Das Kompott abkühlen lassen und kalt stellen.

Tipp: Das Marillenkompott kann auch mit Orangensaft anstatt mit Wasser zubereitet werden. Auch ein Schuss Sherry ergibt ein gutes Aroma.

Mish-Mish Bi-l-Qatr
(Marillen nach saudi-arabischer Art)

ZUTATEN FÜR CA. 8 GLÄSER

2 kg Marillen, klein und fest

1 kg Zucker

1 l Wasser

1 Biozitrone

3 cl Orangenblütenwasser

ZUBEREITUNG

1 Die Früchte waschen, halbieren und entsteinen. Den Zucker mit dem Wasser zum Kochen bringen.

2 Dünne Schalen von der gewaschenen Zitrone abschneiden, Zitrone auspressen, den Saft zum Sirup geben.

3 Die Marillenhälften zugeben und alles aufkochen, etwa 15 Minuten weich kochen (Achtung: Die Früchte müssen intakt bleiben, sie sollen auf gar keinen Fall zerfallen!). Die Marillen aus dem Sirup fischen und in sterile Gläser einschichten.

4 Die Zitronenschalen in den Sirup geben und alles etwa 10–20 Minuten köcheln, immer wieder umrühren, damit nichts ansetzt, dann von der Platte nehmen.

5 Das Orangenblütenwasser zugeben und den Sirup mit den Zitronenschalen über die Früchte in die Gläser gießen. Gläser verschließen und etwa 2–3 Wochen stehen lassen, bevor man sie genießt.

Getrocknete Marillen

ZUTATEN

vollreife, feste Marillen (Menge nach Belieben)

500 ml Wasser

200 g Zucker

Saft von 1 Zitrone

ZUBEREITUNG

1 Marillen halbieren, Wasser, Zucker und Zitronensaft aufkochen lassen.

2 Marillenhälften portionsweise kurz in den kochenden Zuckersirup eintauchen, dann abtropfen lassen und bei 60 °C im Backofen ca. 10–15 Stunden dörren.

3 Die Marillen müssen ganz trocken sein, sollen aber nicht durch zu langes Dörren hart werden.

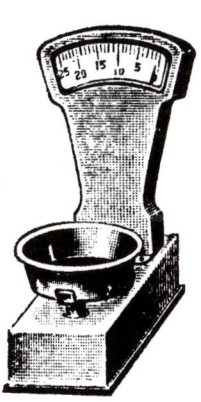

WACHAUER MARILLENMARMELADE

Rezept von
Johannes Christian Thiery,
Hotel Schloss Dürnstein,
Dürnstein

**ZUTATEN FÜR CA.
6–8 GLÄSER À 250 ML**
2 kg vollreife
Wachauer Marillen
etwas Ascorbinsäure
(Vitamin C)
1 kg Gelierzucker 2:1*
etwas Marillenschnaps

ZUBEREITUNG

1 Die Marillen gleich nach der Ernte waschen, entsteinen und in feine Scheiben schneiden.
2 Mit etwas Ascorbinsäure bestreuen und mit Gelierzucker mischen.
3 In einem Topf unter ständigem Rühren zum Kochen bringen.
4 So heiß wie möglich in Einmachgläser abfüllen, je einen Schuss Marillenschnaps darübergießen und Gläser verschließen.

* **Gelierzucker 1:1** Früchte und Gelierzucker werden im Verhältnis 1:1 verarbeitet
Gelierzucker 2:1 Früchte und Gelierzucker werden im Verhältnis 2:1 verarbeitet
Gelierzucker 3:1 Früchte und Gelierzucker werden im Verhältnis 3:1 verarbeitet

Das Geheimnis: Nur frische und vollreife Wachauer Marillen verwenden!

Information im Internet

Genuss Region Wachauer Marille: www.marillengenuss.at oder www.wachauermarille.com

Verein „Original Wachauer Marille": www.wachauermarille.at

Marillenmeile Rossatz – Arnsdorf: www.marillenmeile.at
www.rossatz-arnsdorf.at

Marillenerlebnisweg Angern, Krems Süd: www.marillenweg.at

Panoramaweg Spitzer Graben: www.marivino.at

Alles Marille, das Marillenfest in der Altstadt von Krems: www.allesmarille.at

Spitzer Marillenkirtag: www.spitz-wachau.at

Wachauer Marillenbaumpatenschaft „Hortus Wachau": www.hortus.wsw.at

Die Autoren danken herzlich

Harald Aufreiter und Familie, Krems-Angern

Ing. Karl Bachinger, Obstbauberater der Landwirtschaftskammer Wachau und Umgebung

Franz Reisinger, Mitterndorf am Jauerling

Johannes Christian Thiery, Hotel Schloss Dürnstein, Dürnstein

Fanny Thiery, Gasthof Richard Löwenherz, Dürnstein

Christa Wöginger, Spitz a. d. Donau

Ulli Amon-Jell, Gasthaus-Weinhaus Jell, Krems

Fachliche Informationen

„Marille/Aprikose – anbau – pflege – verarbeitung" von DI Lothar Wurm,
Ing. Karl Bachinger, Ing. Josef Rögner, Robert Schreiber, Univ.-Prof. DI Dr. Karl Pieber,
Dr. Andreas Spornberger; Österreichischer Agrarverlag, 2002

Österreichische Ausdrücke

Biskotte	Löffelbiskuit
Eidotter	Eigelb
Eiklar	Eiweiß
Erdäpfel	Kartoffeln
Germ	Hefe
Marillen	Aprikosen
Obers	Sahne, Rahm
Polenta	Maisgrieß
Powidl	Pflaumenmus
Ribiseln	Johannisbeeren
Sauerrahm	Saure Sahne
Semmel	Brötchen
Semmelbrösel	Paniermehl
Topfen	Quark

Verwendete Abkürzungen

EL	Esslöffel
g	Gramm
gr.	groß
kg	Kilogramm
kl.	klein
l	Liter
ml	Milliliter (1000 ml = 1 l)
Msp.	Messerspitze
P.	Päckchen
Stk.	Stück
TL	Teelöffel